JN180586

統計学基礎

栗木進二　綿森葉子　田中秀和
【著】

共立出版

はしがき

最近，ビッグデータ，オープンデータという言葉に象徴されるように，統計学に対する知識がますます必要とされるようになってきています．本書は，主に文系の大学 1 年生を対象として，統計学の基礎の部分を例を用いてわかりやすく解説した入門書です．様々なデータに対して，統計学ではどのように考えるのかを読者に体感してもらうことを目的としています．そのため，厳密性を多少犠牲にしても，複雑な数式を用いないで，わかりやすい文章で表現することを心掛けています．

統計学は大きく分けて 2 つあります．1 つ目は初等的な考察を主な方法とする**記述統計**といわれるものです．本書では第 1 章で学ぶことになります．たとえば，ある物の重さを知りたいとしましょう．100 回測ると 100 個のデータが得られますが，100 個のデータを見ているだけではよくわかりません．そこで，データがどのようになっているのかがわかるようにデータを整理します．度数分布表，ヒストグラム，箱ひげ図にまとめたり，標本平均，標本分散を求めたりします．

2 つ目は母集団という概念を念頭に置き，確率論を伴った考察を主な方法とする**推測統計**といわれるものです．推測統計は第 2 章以降で学ぶことになります．ある物の重さ (g) を 10 回測ったら，

$$24.5,\quad 22.8,\quad 23.7,\quad 21.7,\quad 24.3,\quad 22.1,\quad 23.4,\quad 21.8,\quad 25.2,\quad 20.8$$

というデータが得られたとしましょう．このデータには，この物の本当の重さ w と観測誤差が含まれています．本当の重さ w は未知の定数で，観測誤差は確率的に大きくなったり小さくなったりすると考えられます．このデータから，w は 23 g ぐらいであり，それが 30 g であるということはまずありそうにありません．それは，$w = 30$ とするより $w = 23$ とするほうが，このようなデータの得られる確率が大きくなるからです．$w = 30$ としても，このようなデータの得られる確率はゼロではないので，$w \neq 30$ という判断は正しいというわけでもありません．しかし，$w = 30$ はまずないといってもいいでしょう．$w = 23$ であり，$w \neq 30$ という判断は絶対に正しいとはいえませんが，まず確からしい判断です．推測統計では，このような確からしい判断，つまり，不確実性を含む判断を導き，その不確実性を確率で測ることになります．このように推測統計の内容は確率論を伴うので理解するのが容易ではないかもしれませんが，専門的な確率論を知らなくても本書では十分理解できるようにしてあります．

今後，読者のそれぞれの専門分野で統計学が必要になる場合に本書が少しでもその手助けになればと願っています．最後に，本書の原稿を読んでいただき有益なコメントをしていただいた大阪府立大学高等教育推進機構の川添充教授，電気通信大学大学院情報システム学研究科の川野秀一准教授には心よりお礼を申し上げます．また，本書の最初の構想から出版まで長い時間を費やしてしまい，その間，我慢強く待っていただいた共立出版の信沢孝一氏，三浦拓馬氏に心よりお礼を申し上げます．

2016 年 1 月　著者一同

目　次

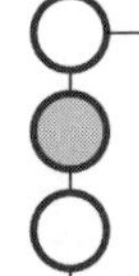

第1章 データの整理

実験，アンケート，測定等を行うと必然的に得られる結果があります．これを**データ**または**標本**といいます．統計学ではデータを利用してその背景にある特徴についての様々な結論を導くことになります．しかし，データを集めただけではその特徴を追究することはできません．本章では集めたデータを分類し，適切に整理，処理を行い，データがもつ特徴を見出して記述するための方法について説明します．

1.1 データ

一言にデータといっても様々な種類があります．どのような種類があるかみてみましょう．

例 1.1

A 君はある花の種を蒔いてから発芽するまでの日数がどの程度かを知りたくて実際にこの花の種 10 粒を蒔いて発芽するまでの日数を計ってみました．その結果は

$$8, \quad 5, \quad 5, \quad 9, \quad 5, \quad 8, \quad 9, \quad 9, \quad 7, \quad 9$$

でした． □

例 1.2

あるラーメン店は客がどう感じているかを知るためにアンケートをとってみました．たとえば，ある項目は質問内容が「味はどうですか？」であり，それに対する回答は「うまい」，「普通」，「まずい」から選ぶ方式でした．この項目についての 20 人のアンケート結果は

普通，普通，うまい，まずい，普通，普通，まずい，普通，まずい，まずい，
うまい，普通，普通，普通，うまい，普通，うまい，うまい，普通，まずい

でした． □

例 1.3

あるクラスの学生の体重 (kg) を測ってみました．その結果は

62.6, 73.1, 56.3, 47.8, 69.9, 50.0, 65.0, 74.3, 77.5, 62.1,
46.6, 70.6, 67.8, 63.1, 52.4, 55.2, 57.5, 64.1, 63.3, 70.3,
71.3, 66.2, 60.8, 63.1, 60.3, 57.7, 71.9, 79.6, 55.5

でした. □

1.2 データの種類

例 1.1～例 1.3 を見直してみると，データにもいろいろな種類があることがわかります．まず，「1」，「2」，「3」のような何らかの量として得られるデータと「うまい」，「普通」，「まずい」のように量を表さないデータがあることに気付きます．このように，データは大きく 2 種類に分けられ，量を表すデータを**量的データ**といいます．一方，量を表さないデータを**質的データ**といいます．例 1.1 での「日数」，例 1.3 での「重さ」は量的データですが，さらに，これらにも違いがあることがわかります．「日数」は「とびとびの値」だけをとるのに対し，「重さ」は「とびとびの値」以外の値もとります[注1]．このように量的データはさらに 2 つに分けられ，「とびとびの値」だけをとるデータを**離散型データ**，「とびとびの値」以外の値もとるデータを**連続型データ**といいます．

データ
- 量的データ ： 量を表すデータ
  - 離散型データ ：とびとびの値だけをとるデータ
  - 連続型データ ：とびとびの値以外の値もとるデータ
- 質的データ ： 量を表さないデータ

例 1.1 では発芽するまでの日数に興味があったので日数を計りました．より細かく発芽するまでの「時間」に興味があった場合はどうなるでしょうか．当然，発芽時間を計ることになりますが，この場合，たとえば 123 時間 46 分 57.890$\cdots$ 秒というように発芽時間はとびとびの値以外の値もとることになります．つまり，発芽時間を表すデータは連続型データになります．このように同じようなデータであっても興味の対象によって離散型データになったり，連続型データになったりします．

1.3 度数分布表とヒストグラム

例 1.1 を再度みてみましょう．例 1.1 でデータをとった目的は「種を蒔いてから発芽するまでの日数がどの程度か」を知ることでした．そこで，本節では量的データを整理し，データがも

注 1) ここでは相当大雑把な書き方をしています．もう少し丁寧に記述すると，「とびとびの値」というのは次の値があることを意味しています．たとえば，$\{1, 2, 3, \ldots\}$ では，1 の次は 2，2 の次は 3，… のように次の値があります．これに対して，重さを表す値は，たとえば 50.123$\cdots$ (kg) のように永久に終わりがなく，この次の値が考えられません．このような値のことをここでは「とびとびの値」以外の値ということにしています．

つ特徴を表や図で見出すことを考えます．ここで特徴とは，データがどの位置にあるか，データのばらつき方が対称かどうか，右に歪んでいるか，左に歪んでいるか，単峰形かそうでないか，はずれ値があるかないかであったり，他のデータと比べて全体的に大きかったり，ばらつき方が違っていないかといったことです．以降，離散型データと連続型データに分けて考えることにします．

1.3.1 離散型データの場合

例 1.1 を振り返ってみましょう．5 日で発芽した種を数えてみると 3 つであることがわかります．また，6 日で発芽した種はありません．7 日で発芽した種を数えてみると 1 つであることがわかります．ここで 3, 0, 1 のような値を**度数**といい，5, 6, 7 のような値を**階級値**といいます．表にまとめると表 1.1 が得られます．このような表を**離散型データの度数分布表**といいます．さらに度数分布表をグラフに表したものが図 1.1 です．このような図を**離散型データのヒストグラム**といいます．度数分布表やヒストグラムを作成しておくと，たとえば最短で 5 日間，最長で 9 日間で発芽したとか，比較的両端（5 日間や 9 日間）で発芽した種が多く，6 日間，7 日間で発芽した種は少ないといったデータがもつ特徴を見つけやすくなります．

表 1.1 例 1.1 の度数分布表

階級値（日数）	度数（種の個数）
5	3
6	0
7	1
8	2
9	4
計	10

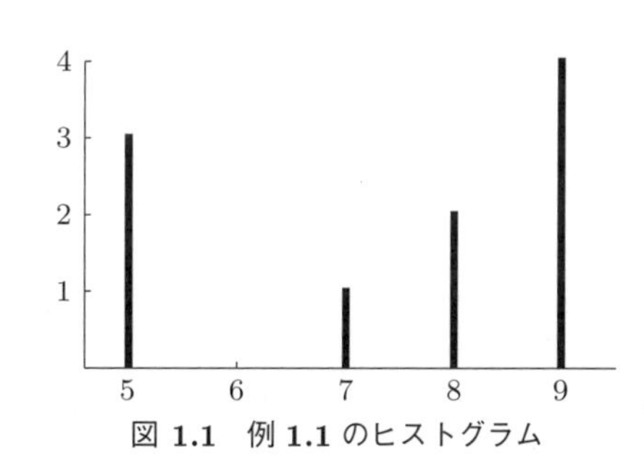

図 1.1 例 1.1 のヒストグラム

1.3.2 連続型データの場合

次に，連続型データについて考えてみましょう．まずは，例 1.3 のデータを離散型データの場合と同じように考えてみます．この例の場合，29 個のデータはほとんど違う値をとっていることがわかります．つまり，46.6 が 1 つ，47.8 が 1 つ，50.0 が 1 つ，...，63.1 が 2 つ，...，79.6 が 1 つという具合です．これで離散型データの度数分布表とヒストグラムを作成してみると，表 1.2 と図 1.2 のようになります．このような度数分布表やヒストグラムではデータがもっている特徴を表しているとはいえません．また，たとえば，46.6 という数値の本当の値はおそらく 46.55 から 46.65 の間にあることはわかりますが，本当の値はわかりません．これらは連続型データがとびとびの値以外の値もとることに起因します．そこで，適度な幅をもついくつかの区間，たとえば，

表 **1.2** 例 **1.3** のデータを離散型データとみなして作成した度数分布表

階級値	度数
46.6	1
47.8	1
50.0	1
⋮	⋮
63.1	2
⋮	⋮
79.6	1
計	29

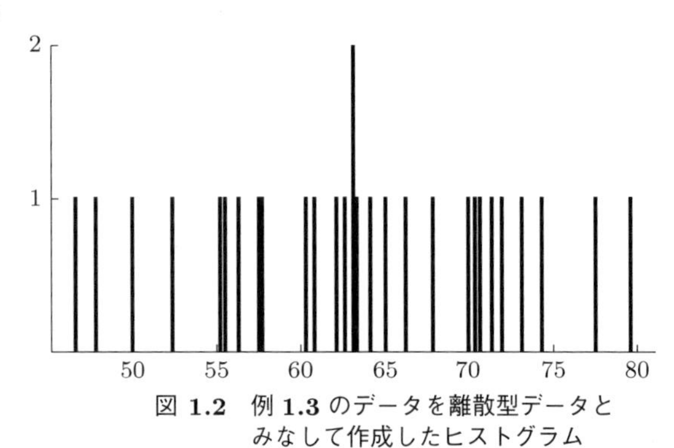

図 **1.2** 例 **1.3** のデータを離散型データとみなして作成したヒストグラム

$$45 \sim 51, \quad 51 \sim 57, \quad 57 \sim 63, \quad 63 \sim 69, \quad 69 \sim 75, \quad 75 \sim 81$$

のような区間を考えます．このような区間を**階級**といいます．次に，各階級に含まれるデータの個数を考えます．これを**度数**といいます．たとえば，階級 $45 \sim 51$ に含まれるデータは 46.6, 47.8, 50.0 の 3 つです．階級 $51 \sim 57$ に含まれるデータは 52.4, 55.2, 55.5, 56.3 の 4 つです．$\cdots$ 階級 $75 \sim 81$ に含まれるデータは 77.5, 79.6 の 2 つです．これらをまとめると表 1.3 のようになります．このようにして作成した表を**連続型データの度数分布表**といいます．さらに，この度数分布表をグラフにすると図 1.3 のようになります．このような図を**連続型データのヒストグラム**といいます．

表 **1.3** 例 **1.3** の度数分布表

階級	度数
$45 \sim 51$	3
$51 \sim 57$	4
$57 \sim 63$	6
$63 \sim 69$	7
$69 \sim 75$	7
$75 \sim 81$	2
計	29

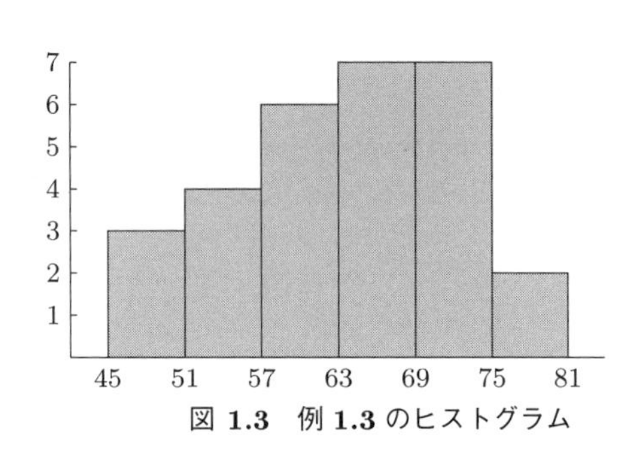

図 **1.3** 例 **1.3** のヒストグラム

ところで，上のように階級で区切ってデータを分けようとすると困ったことが起きることがあります．たとえば，この例の場合はありませんでしたが，51 のようなデータは $45 \sim 51$ と $51 \sim 57$ のどちらに含めるべきでしょうか．いろいろな方法がありますが，境界の値を大きい方の階級に含めるか，小さい方の階級に含めるかは統一するべきです．ここでは，境界の値を大きい方の階級に含めることにします．つまり，$45 \sim 51$ を 45 以上 51 未満，$51 \sim 57$ を 51 以上 57 未満，$\ldots$，$75 \sim 81$ を 75 以上 81 未満と解釈することにより，たとえば 51 は $51 \sim 57$

に含めることにします[注 2)].

また，度数分布表に級中央値と相対度数といわれるものを追加した方が便利なことがあります．**級中央値**は

$$\text{級中央値} = \frac{\text{階級の下側の値} + \text{階級の上側の値}}{2}$$

で与えられます．たとえば階級 $45 \sim 51$ の級中央値は

$$\frac{45+51}{2} = 48$$

です．また，**相対度数**は

$$\text{相対度数} = \frac{\text{階級の度数}}{\text{データの個数}}$$

で与えられます．たとえば階級 $45 \sim 51$ の度数は 3 であり，データの個数は 29 であるので，この階級の相対度数は

$$\frac{3}{29} \fallingdotseq 0.10$$

となります．級中央値と相対度数を追加した度数分布表は表 1.4 のようになります．ただし，相対度数の計は 1 です．

表 1.4 例 1.3 のより詳しい度数分布表

階級	級中央値	度数	相対度数
$45 \sim 51$	48	3	0.10
$51 \sim 57$	54	4	0.14
$57 \sim 63$	60	6	0.21
$63 \sim 69$	66	7	0.24
$69 \sim 75$	72	7	0.24
$75 \sim 81$	78	2	0.07
計	—	29	1

度数分布表において，階級の個数の決め方（階級の幅の決め方）が問題になります．たとえば，非常に極端な場合を考えてみましょう．例 1.3 のデータで階級の幅を 0.1 とすると階級の個数が最も多くなって，図 1.2 のヒストグラムが得られます．また階級の個数を非常に少なくした場合は図 1.4 のようになります（(i) は階級の個数が 1, (ii) は階級の個数が 2 の場合です）．図 1.2, 図 1.4 からわかるように，階級の個数を多くするとデータの分類が細か過ぎ，逆に階級の個数を少なくするとデータの分類が粗過ぎて，いずれの場合もデータがもつ特徴を引き出すのは難しいでしょう．階級の個数を決める 1 つの経験則として**スタージェスの方法**が知られています[注 3)]．これはデータの個数に対して階級の個数を表 1.5 で与える方法です．たとえば，例 1.3 の場合，データの個数は 29 であるので，スタージェスの方法による階級の個数は 6 となります．

注 2) 日本では "… 以上 … 未満" という言葉があるので，階級の下側の値はその階級に含め，上側の値はその階級に含めない流儀が主流のようです．階級の境界にデータの値がないように階級を設定する流儀もあります．

注 3) この方法はあくまで 1 つの経験則であって，必ずこれを使わなければいけないというわけではありません．

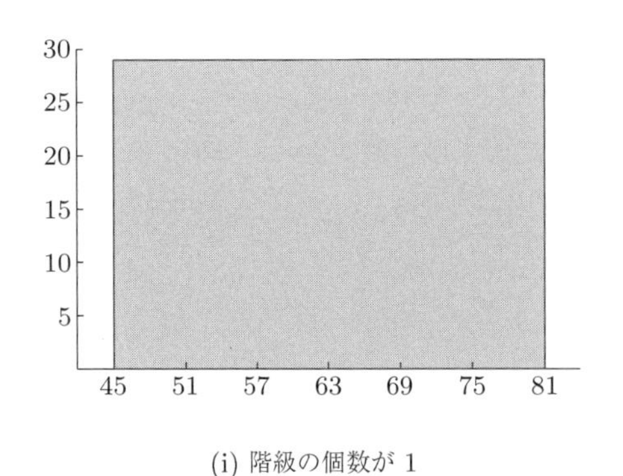

(i) 階級の個数が 1

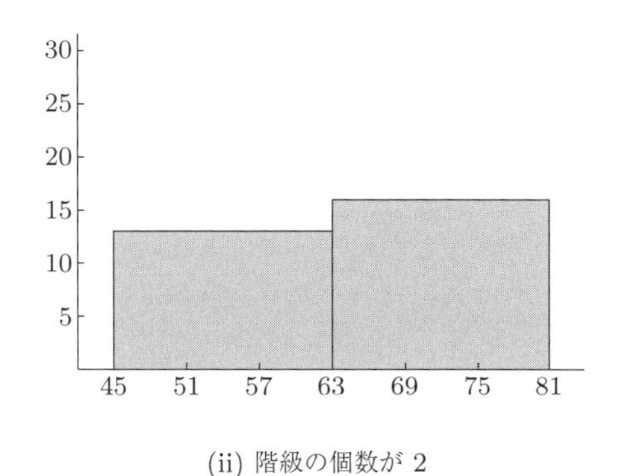

(ii) 階級の個数が 2

図 1.4　例 **1.3** のヒストグラム

表 1.5　スタージェスの方法によるデータの個数と階級の個数の関係

データの個数	12～22	23～45	46～90	91～181	182～362
階級の個数	5	6	7	8	9

連続型データの度数分布表は次のように作成します.

連続型データの度数分布表の作成手順

ステップ 1　データの個数を求め，表 1.5 を参考に階級の個数を決定します.

ステップ 2　データの中で 1 番小さい値と 1 番大きい値を求め，この 1 番大きい値と 1 番小さい値の差より大きい値で適度な値を決定します．その際，次のステップ 3 で決定する階級の幅が自然数または区切りのよい小数となるようにします.

ステップ 3　ステップ 2 で決定した値を階級の個数で割ることにより階級の幅を決定します．ここで 1 番小さい値が 1 番小さい階級に含まれ，1 番大きい値が 1 番大きい階級に含まれるように階級を決定します.

ステップ 4　各階級の度数，つまり各階級に含まれるデータの個数を数えます．さらに，級中央値，相対度数を求め，階級，度数と共に表にまとめます.

以上では，データを離散型データと連続型データとに分けて考え，度数分布表とヒストグラムの作成方法の原則について述べました．しかし，これが最善の方法というわけではありません．離散型データであっても階級値の個数が比較的大きいときはそれを連続型データとみなして度数分布表，ヒストグラムを作成した方がよいこともあります．次の例をみてみましょう.

例 1.4

あるスーパーマーケットではある月にどの価格の商品がよく売れているかを調べる必要がありました．このスーパーマーケットが扱っている商品の価格（円）は

$$10,\ 30,\ 50,\ 69,\ 78,\ 98,\ 99,\ 100,\ 105,\ 118,\ 120,\ \ldots,\ 3980,\ 3999,\ 4000,\ 4005,\ \ldots$$

でした．これはとびとびの値だけをとっているので離散型データです．ここで，それぞれの価格の商品がいくつ売れたかを調べ，離散型データの度数分布表を作成するのは現実的ではありません．この場合，離散型データですが，そのことに固執せず，連続型データのように扱った方が得策です．たとえば（データの個数や目的にもよりますが）階級を

$$0 \sim 500, \quad 500 \sim 1000, \quad 1000 \sim 1500, \quad \ldots, \quad 3500 \sim 4000, \quad \ldots$$

として度数分布表，ヒストグラムを作成します．□

例 1.5

表 1.6 は各都道府県の 2010 年の人口 10 万人あたりの結核罹患者数です．簡単のため小数第 1 位は四捨五入してあります．このデータについて度数分布表，ヒストグラムを作成してみましょう．ただし，このデータを連続型データとみなして考えることにします．

表 1.6　10 万人あたりの結核罹患者数（2010 年，厚生労働省）

北海道	12	栃木	13	石川	16	滋賀	15	岡山	15	佐賀	21
青森	14	群馬	11	福井	14	京都	19	広島	16	長崎	23
岩手	12	埼玉	16	山梨	15	大阪	30	山口	16	熊本	17
宮城	11	千葉	17	長野	9	兵庫	21	徳島	18	大分	19
秋田	14	東京	23	岐阜	20	奈良	17	香川	15	宮崎	13
山形	11	神奈川	17	静岡	17	和歌山	21	愛媛	19	鹿児島	21
福島	12	新潟	12	愛知	23	鳥取	14	高知	18	沖縄	19
茨城	14	富山	13	三重	16	島根	18	福岡	19		

ステップ 1　データの個数は 47 です．表 1.5 より階級の個数は 7 とします．

ステップ 2　データの中で 1 番小さい値は長野の 9 であり，1 番大きな値は大阪の 30 です．$30 - 9 = 21$ であり，階級の個数は 7 であるので，$\frac{21}{7} = 3$ となりぴったりのように感じられるかもしれません．しかし，作成手順をよく読むと，「この 1 番大きい値と 1 番小さい値の差より大きい値で適度な値を決定します」とあります．21 より大きい値を考える必要があります．ここでは 24.5 を採用することにします．

ステップ 3　階級の幅は $\frac{24.5}{7} = 3.5$ となります．9 が 1 番小さい階級に含まれ，30 が 1 番大きい階級に含まれるように階級を決める方法は無数にあります．ここでは階級を

$$6.0 \sim 9.5, 9.5 \sim 13.0, 13.0 \sim 16.5, 16.5 \sim 20.0, 20.0 \sim 23.5, 23.5 \sim 27.0, 27.0 \sim 30.5$$

とします．

ステップ 4　階級 $6.0 \sim 9.5$ に入っているのは長野だけです．階級 $9.5 \sim 13.0$ に入っているのは北海道，岩手，宮城，山形，福島，群馬，新潟の 7 つです．$\cdots$ 階級 $27.0 \sim 30.5$ に入っているのは大阪だけです．級中央値は順番に

$$\frac{6.0+9.5}{2}=7.75,\quad \frac{9.5+13.0}{2}=11.25,\quad \ldots,\quad \frac{27.0+30.5}{2}=28.75$$

となります．データの個数は 47 であるので相対度数は順番に

$$\frac{1}{47}\fallingdotseq 0.02,\quad \frac{7}{47}\fallingdotseq 0.15,\quad \ldots,\quad \frac{1}{47}\fallingdotseq 0.02$$

となります．以上をまとめることによって，表 1.7 の度数分布表と図 1.5 のヒストグラムが得られます． □

表 1.7 例 1.5 の度数分布表

階級	級中央値	度数	相対度数
6.0 ～ 9.5	7.75	1	0.02
9.5 ～ 13.0	11.25	7	0.15
13.0 ～ 16.5	14.75	17	0.36
16.5 ～ 20.0	18.25	13	0.28
20.0 ～ 23.5	21.75	8	0.17
23.5 ～ 27.0	25.25	0	0.00
27.0 ～ 30.5	28.75	1	0.02
計	—	47	1

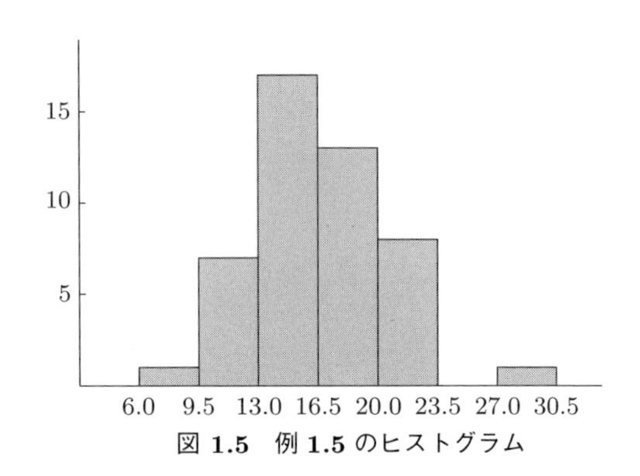

図 1.5 例 1.5 のヒストグラム

1.4 代表値

本節では量的データ（当面，データと書けば量的データを意味するものとします）が得られたとき，それらがもっている特徴を代表値と呼ばれる 1 つの値を用いて表すことについて考えてみます．例をみてみましょう．

例 1.6

東京に住む A 君は 9 月にベルリンに行くことになりました．東京の 9 月はまだまだ暑い日が続きますが，ベルリンはどうなのでしょうか？どのような服装で行けばよいでしょうか？そこで A 君はベルリンの 9 月の平均最低気温を調べてみました．その結果は 10.6 ℃でした．一方，東京の平均最低気温についても調べてみたところ表 1.8 のようになることがわかりました．ベルリンの 9 月の最低気温は東京の 10 月から 11 月とほぼ同じということがわかり，A 君はベルリンに秋の服装を用意して行くことにしました．その結果，A 君はベルリンでの滞在を満喫することができました． □

表 1.8 東京の平均最低気温（℃）

1 月	2 月	3 月	4 月	5 月	6 月	7 月	8 月	9 月	10 月	11 月	12 月
1.1	2.4	5.1	10.5	15.1	18.9	22.5	24.2	20.7	15.0	9.5	4.6

例 1.6 での平均最低気温のように最低気温についてのデータを 1 つの値で表すことがしばしばあります．このような値を**代表値**といいます．実際は日毎の平均最低気温や過去の最低気温の記録などのようなより詳細なデータは得られます．しかし，ベルリンの最低気温を端的に 1 つの値を用いて表した値が "10.6" であり，これと東京の平均最低気温を比較することによりおよその様子（ベルリンでの寒さ）がわかります．ただし，ここで注意が必要です．9 月の東京の平均最低気温よりベルリンの平均最低気温が低いことは必ずしも常にベルリンが東京より寒いことを意味しません．また，9 月にベルリンで 10.6 ℃を下回る日も当然あり得ます．

1.4.1 中心的位置を表す代表値

本節では中心的位置を表す代表値について考えます．たとえば 2 個のデータ

$$0, \quad 2 \tag{1.1}$$

があったとします．このとき，中心的位置を表す値を求めるにはどのようにすればよいでしょうか．通常，0 と 2 の真ん中の値である

$$\frac{0+2}{2} = 1$$

です．図 1.6 は (1.1) のヒストグラムです．それでは，3 個のデータ

$$0, \quad 2, \quad 7 \tag{1.2}$$

ではどうなるでしょうか．0 と 2 と 7 の真ん中といわれれば 2 通りの考え方があります．1 つ目は単純に 0 と 2 と 7 の真ん中の値である

$$\frac{0+2+7}{3} = 3$$

です．もう 1 つは 3 つのデータ 0 と 2 と 7 の並びの真ん中の位置にある 2 です．図 1.7 は (1.2) のヒストグラムです．それでは 4 個のデータ

$$0, \quad 2, \quad 7, \quad 11 \tag{1.3}$$

ではどうなるでしょうか．1 つ目の考え方では

$$\frac{0+2+7+11}{4} = 5$$

図 1.6 データ (1.1) のヒストグラム

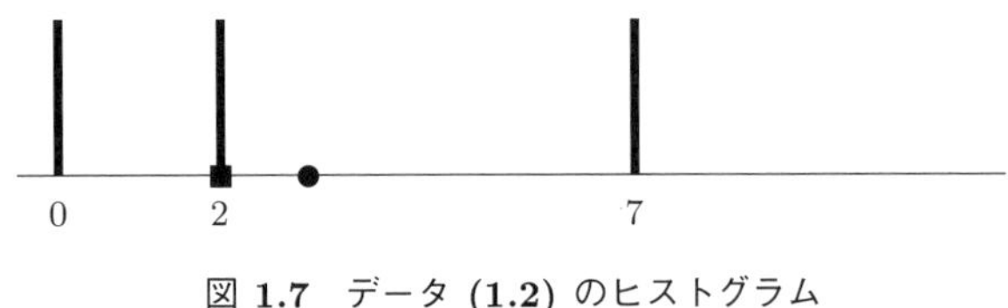

図 **1.7** データ **(1.2)** のヒストグラム

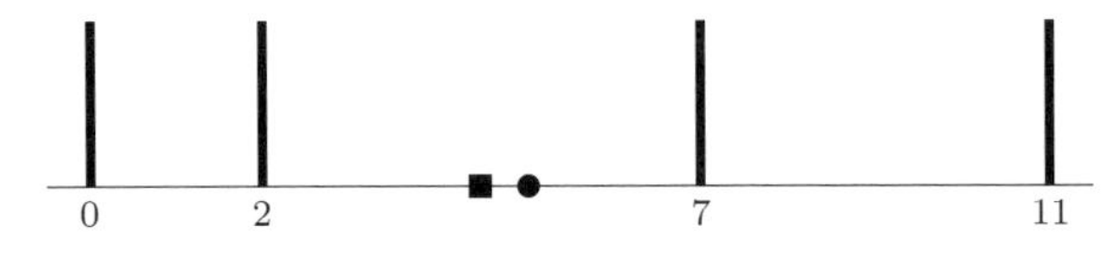

図 **1.8** データ **(1.3)** のヒストグラム

となります．ところが，もう1つの考え方であるデータの真ん中の位置にある値は存在しません．候補としては 2 か 7 ですが，どちらもちょうど真ん中の位置ではありません．そこで，2 と 7 の真ん中の値

$$\frac{2+7}{2} = 4.5$$

を代用するのはどうでしょうか．図 1.8 は (1.3) のヒストグラムです．このように，中心的位置を表す代表値として，2 つの考え方があります．前者を**標本平均**（または単に**平均**）といい，一般には

$$\text{標本平均} = \frac{\text{データの値の合計}}{\text{データの個数}}$$

で与えられます．式で書くと次のようになります．n 個のデータ

$$x_1, \quad x_2, \quad \ldots, \quad x_n$$

に対して，標本平均 $\bar{x}$（"エックス・バー"と読みます）は

$$\bar{x} = \frac{x_1 + x_2 + \cdots + x_n}{n}$$

で与えられます（図 1.6〜図 1.8 の「丸」は標本平均を表しています）．また，後者を**中央値**または**メジアン**といい，データを大きさの順に並べたときの真ん中に相当する値で与えられます．つまり

$$\text{中央値} = \begin{cases} \text{データの真ん中の位置にある値} & \text{（データの個数が奇数の場合）}, \\ \dfrac{\text{データの真ん中の値の 2 つの候補の和}}{2} & \text{（データの個数が偶数の場合）} \end{cases}$$

です（図 1.7, 図 1.8 の「四角」は中央値を表しています）．

例 1.1 のデータの標本平均は

$$\text{標本平均} = \frac{8+5+\cdots+9}{10} = 7.4$$

となります．また，中央値については，まずデータを大きさの順に並べ替えて

$$5,\quad 5,\quad 5,\quad 7,\quad \underline{8},\quad \underline{8},\quad 9,\quad 9,\quad 9,\quad 9$$

とします．この場合，データの個数は 10 であり，これは偶数であるのでデータの真ん中の位置にある値の候補は 2 つあります．それらは 5 番目に小さい値 8 と 6 番目に小さい値 8 です．つまり，中央値は

$$\text{中央値} = \frac{8+8}{2} = 8$$

となります．

例 1.5 の中心的位置を表す代表値は以下のとおりです．

- 標本平均

$$\text{標本平均} = \frac{12+14+\cdots+19}{47} = \frac{776}{47} \fallingdotseq 16.5$$

となります．

- 中央値

データの個数は 47 であり，これは奇数です．つまり，小さい方から 24 番目の値 16 が中央値になります．

次の例では標本平均よりむしろ中央値の方が中心的位置を適切に表しています．

例 1.7

図 1.9 は平成 25 年調査の所得金額の相対度数のヒストグラム（厚生労働省）です．「100 ～ 200 万円」は 13.2%，「200 ～ 300 万円」は 13.3%，「300 ～ 400 万円」は 13.2% と多くなっています．中央値は 432 万円，標本平均（平均所得金額）は 537 万 2 千円であり，平均所得金額以下の割合は 60.8% となっています．所得金額のような左に歪んでいるデータについては，標本平均以下の割合は 50% より多くなることに注意が必要です． □

次の例は平均に関する有名な話で**シンプソンのパラドックス**と呼ばれています．

例 1.8

ある会社の面接は 5 人ずつ 2 組に分かれて行われました．1 組目は男性 4 人，女性 1 人でした．また，2 組目は男性 1 人，女性 4 人でした（表 1.9 参照）．面接官は受験者を評価し，点数をつけなければいけません．点数を男女の平均でまとめたものが表 1.10 です．この表をみた別の社員が「男女間で差別をしていないか？」と指摘しました．面接官は「差別はしていません」と主張しました．これは本当でしょうか？確認してみましょう．

まず，男性全体の点数の平均を求めてみましょう．1 組目では男性 4 人で平均が 80 点，2 組目では男性 1 人で平均が 90 点であるので，男性 5 人の合計点は $80 \times 4 + 90 \times 1 = 410$ となります．つまり，

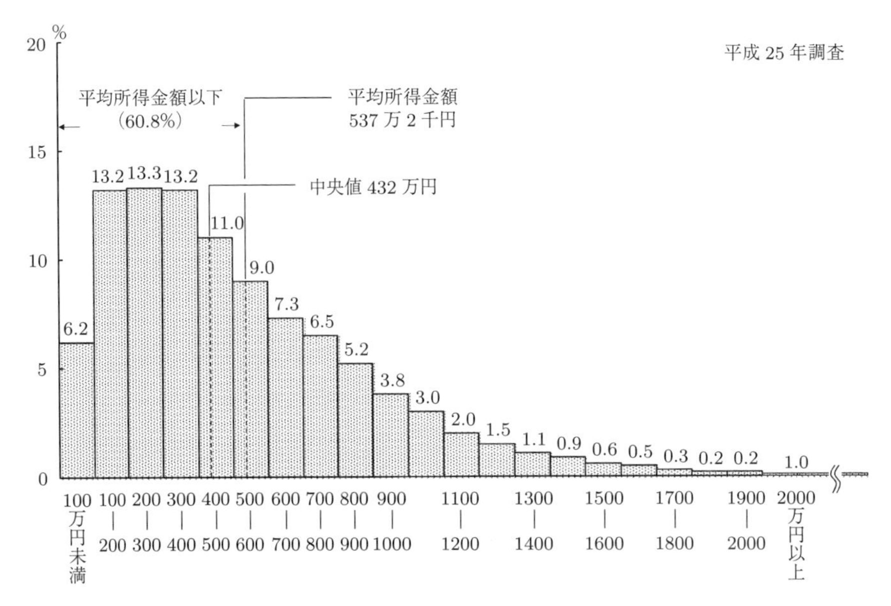

図 1.9　所得金額の相対度数のヒストグラム

表 1.9　例 1.8 の人数

	1 組目	2 組目
男性	4	1
女性	1	4

表 1.10　例 1.8 の平均

	1 組目	2 組目
男性	80	90
女性	70	85

$$\text{男性全体の平均} = \frac{410}{5} = 82$$

となります．同様に，女性 5 人の合計点は $70 \times 1 + 85 \times 4 = 410$ となります．つまり

$$\text{女性全体の平均} = \frac{410}{5} = 82$$

となります．したがって全体での男女間で平均に違いはありません．□

1.4.2　ばらつきを表す代表値

本節ではばらつきを表す代表値について考えます．たとえば，2 組のデータ

$$A: 0,\ 1,\ 1,\ 1,\ 2 \qquad \text{と} \qquad B: -1,\ 0,\ 1,\ 2,\ 3 \tag{1.4}$$

があったとします．このとき，A, B いずれも標本平均，中央値ともに 1 です．しかし，ヒストグラムをみるとその様子はかなり異なっていることがわかります（図 1.10 参照）．A は真ん中，つまり 1 にデータが集中しているのに対して，B は平らであり，A に比べてデータが 1 に集中しているとはいえません．つまり，B はばらつきの度合いが A より大きいように感じられます．これらの違いを数値を用いて表すことを考えましょう．ただし，この数値は

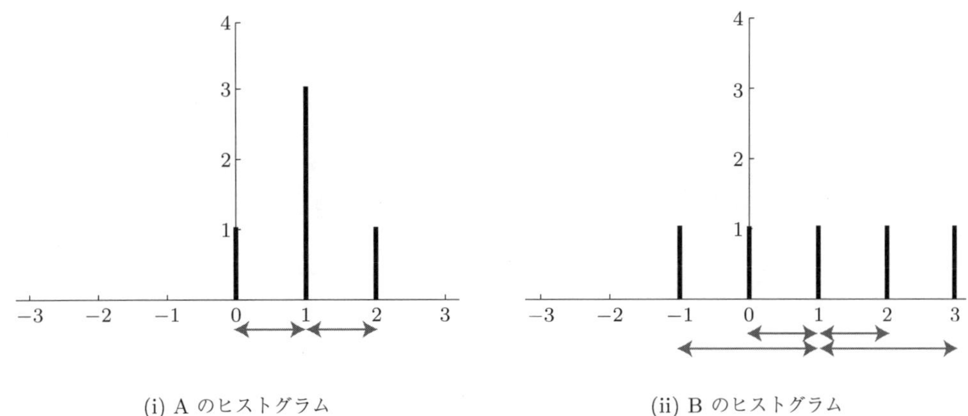

(i) A のヒストグラム　　(ii) B のヒストグラム

図 1.10　データ (1.4) のヒストグラム

(i) 正の値をとる,

(ii) その値が大きければ大きいほどばらつきの度合いは大きい

という性質をもつものとします．まず，(1.4) から標本平均 1 を引いた

$$-1,\ 0,\ 0,\ 0,\ 1 \qquad と \qquad -2,\ -1,\ 0,\ 1,\ 2 \tag{1.5}$$

を考えましょう．このような値を**偏差**といいます．一般には

$$偏差 = データの値 - 標本平均$$

で与えられます．

公式 1.1

偏差について，次が成り立ちます．

$$偏差の総和 = 0.$$

図 1.11 はデータ (1.4) の偏差 (1.5) のヒストグラムです．図 1.10 と図 1.11 を比較してみると，元のデータ (1.4) とその偏差 (1.5) はばらつきの度合いは同じであることがわかります．また，公式 1.1 より，偏差の平均はばらつきの度合いを示す代表値には使えないことがわかります．そこで，偏差 (1.5) の 2 乗を考えると

$$1,\ 0,\ 0,\ 0,\ 1 \qquad と \qquad 4,\ 1,\ 0,\ 1,\ 4$$

となります．これらの平均，つまり

$$\frac{1+0+0+0+1}{5} = 0.4 \qquad と \qquad \frac{4+1+0+1+4}{5} = 2$$

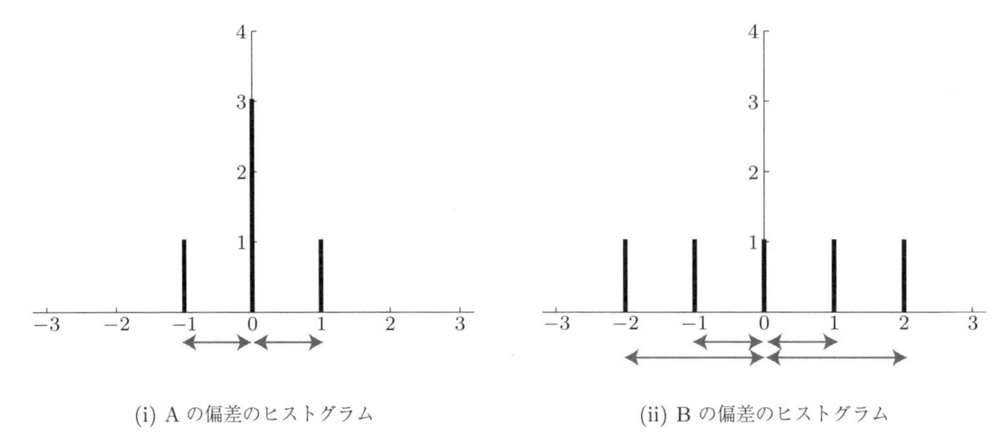

(i) A の偏差のヒストグラム　　(ii) B の偏差のヒストグラム

図 1.11　データ (1.5) のヒストグラム

のような値を**標本分散**といい，ばらつきを表す代表値として知られています．一般には

$$\text{標本分散} = \frac{\text{偏差の 2 乗の総和}}{\text{データの個数}}$$

で与えられます．式で書くと次のようになります．n 個のデータを

$$x_1, \quad x_2, \quad \ldots, \quad x_n$$

とします．このとき，標本分散 s_x^2 は

$$s_x^2 = \frac{(x_1 - \bar{x})^2 + (x_2 - \bar{x})^2 + \cdots + (x_n - \bar{x})^2}{n}$$

となります．$\sum$ 記号を使うと

$$s_x^2 = \frac{1}{n}\sum_{i=1}^{n}(x_i - \bar{x})^2$$

となります．標本分散が大きければ大きいほどばらつきの度合いが大きいことがうかがえるでしょう．ただし，標本分散はデータの単位とは異なっていて，都合が悪いことがあります．単位をデータの単位に揃えるために，標本分散の正の平方根をとったものを**標本標準偏差**といいます．つまり，標本標準偏差 s_x は

$$\text{標本標準偏差} = \sqrt{\text{標本分散}}$$

で与えられます．式で書くと $s_x = \sqrt{s_x^2}$ となります．また，標本分散と似ている不偏分散もばらつきを表す代表値としてよく使われます．**不偏分散**は

$$\text{不偏分散} = \frac{\text{偏差の 2 乗の総和}}{(\text{データの個数}) - 1}$$

で与えられます．式で書くと不偏分散 u_x^2 は

$$u_x^2 = \frac{(x_1 - \bar{x})^2 + (x_2 - \bar{x})^2 + \cdots + (x_n - \bar{x})^2}{n-1}$$

となります．$\sum$ 記号を使うと

$$u_x^2 = \frac{1}{n-1} \sum_{i=1}^{n} (x_i - \bar{x})^2$$

となります．第 3 章以降では標本分散より不偏分散の方が多く用いられます．

例 1.5 のばらつきを表す代表値は以下のとおりです．

- 標本分散

$$標本分散 = \frac{1}{47} \left\{ \left(12 - \frac{776}{47}\right)^2 + \left(14 - \frac{776}{47}\right)^2 + \cdots + \left(19 - \frac{776}{47}\right)^2 \right\} = \frac{35144}{2209} \fallingdotseq 15.91$$

となります．

- 標本標準偏差

標本分散 $= \frac{35144}{2209}$ であるので，

$$標本標準偏差 = \sqrt{\frac{35144}{2209}} \fallingdotseq 3.99$$

となります．

1.4.3 その他の代表値

前節まででは統計学において特に重要な代表値について述べました．これらの代表値以外にも重要な役割を果たす代表値があります．

a. 最頻値（モード）

データが離散型の場合は度数分布表において度数が最も大きい階級値，データが連続型の場合は度数分布表において度数が最も大きい階級の級中央値を**最頻値**，または**モード**といいます．中心的位置を表す代表値です．複数個存在することもあります．

b. 最小値，最大値

データの中で最小の値，最大の値をそれぞれ**最小値**，**最大値**といいます．

c. 範囲

データの中で最大の値と最小の値の差を**範囲**といい，R と表します．つまり，範囲は

$$範囲\ R = 最大値 - 最小値$$

であり，ばらつきを表す代表値です．

d.　四分位数，四分位範囲

データを大きさの順に並べ，小さい方から 25% に位置する値を**第 1 四分位数**（しぶんいすう），大きい方から 25% に位置する値を**第 3 四分位数**（しぶんいすう）といい，それぞれ Q_1, Q_3 と表します．たとえば，データの個数が 100 の場合，第 1 四分位数は小さい方から 25 番目の値であり，第 3 四分位数は大きい方から 25 番目の値です．実際は小さい方から 25% に位置する値，大きい方から 25% に位置する値は存在しないこともあります．このようなときの方法はいろいろ提案されていますが，本書では最も簡潔な方法を紹介します．小さい方から 25% に位置する値の候補が 2 つある場合，それらの平均を第 1 四分位数とします．同様に大きい方から 25% に位置する値の候補が 2 つある場合，それらの平均を第 3 四分位数とします．たとえば，データの個数が 10 のときは小さい方から 2 番目の値と 3 番目の値が小さい方から 25% に位置する値の候補になります．つまり，第 1 四分位数は小さい方から 2 番目の値と 3 番目の値の平均となります．同様に大きい方から 2 番目の値と 3 番目の値が大きい方から 25% に位置する値の候補になります．つまり，第 3 四分位数は大きい方から 2 番目の値と 3 番目の値の平均となります．なお，中央値を**第 2 四分位数**ともいい，Q_2 と表すこともあります．さらに，第 3 四分位数と第 1 四分位数の差を**四分位範囲**といい，R_Q と表します．これらをまとめると次のようになります．

$$\text{第 1 四分位数 } Q_1 = \begin{cases} \text{小さい方から 25\% に位置する値} \\ \qquad\qquad\text{(データの個数が 4 の倍数のとき)}, \\ \dfrac{\text{小さい方から 25\% に位置する値の 2 つの候補の和}}{2} \\ \qquad\qquad\text{(データの個数が 4 の倍数でないとき)}, \end{cases}$$

$$\text{第 3 四分位数 } Q_3 = \begin{cases} \text{大きい方から 25\% に位置する値} \\ \qquad\qquad\text{(データの個数が 4 の倍数のとき)}, \\ \dfrac{\text{大きい方から 25\% に位置する値の 2 つの候補の和}}{2} \\ \qquad\qquad\text{(データの個数が 4 の倍数でないとき)}, \end{cases}$$

$$\text{四分位範囲 } R_Q = \text{第 3 四分位数 } Q_3 - \text{第 1 四分位数 } Q_1.$$

例 1.5 のその他の代表値は以下のとおりです．

- 最頻値

表 1.7 から度数が最も大きい階級は 13.0 ～ 16.5 です．この階級の級中央値は 14.75 となり，最頻値 = 14.75 となります．

- 最小値，最大値

データの中で最小の値，最大の値は 9, 30 であるので，最小値 = 9, 最大値 = 30 となります.

- 範囲

最大値は 30, 最小値は 9 であるので 範囲 = 30 − 9 = 21 となります.

- 四分位数，四分位範囲

$47 \times 0.25 = 11.75$ であるので，第 1 四分位数は小さい方から 11 番目の値 13 と 12 番目の値 14 の平均，つまり

$$\text{第 1 四分位数} = \frac{13+14}{2} = 13.5$$

となります．また，第 3 四分位数は大きい方から 11 番目の値 19 と 12 番目の値 19 の平均，つまり

$$\text{第 3 四分位数} = \frac{19+19}{2} = 19$$

となります．四分位範囲は

$$\text{四分位範囲} = 19 - 13.5 = 5.5$$

となります.

また，代表値ではありませんが，一般に広く利用されている**偏差値**というものがあります．難しい問題での得点と易しい問題での得点を単純に比較してもあまり意味はありません．偏差値はデータの値を比較しやすいように基準化した値です．具体的には

$$\text{偏差値} = 50 + 10 \times \frac{\text{データの値} - \text{標本平均}}{\text{標本標準偏差}}$$

で与えられます．式で書くと次のようになります．n 個のデータを

$$x_1, \quad x_2, \quad \ldots, \quad x_n$$

とします．このとき，x_i の偏差値 z_i は

$$z_i = 50 + 10 \times \frac{x_i - \bar{x}}{s_x}$$

となります.

公式 1.2

偏差値について，次の (1), (2) が成り立ちます.

(1) 偏差値の標本平均 = 50.

(2) 偏差値の標本標準偏差 = 10.

1.4.4 はずれ値

本節でははずれ値といわれる値について考えます．たとえば，2組のデータ

$$\mathrm{A}: 1,\ 2,\ 3,\ 4,\ 5,\ 6,\ 7,\ 8 \qquad \text{と} \qquad \mathrm{B}: 1,\ 2,\ 3,\ 4,\ 5,\ 6,\ 7,\ 100 \tag{1.6}$$

があったとします．A と B の違いはデータの最後の値が 8 か 100 かだけです．B での値 100 は他の値より極端に大きいことがわかるでしょう．このように他のデータの値と比べて極端に大きい，または小さいデータの値をはずれ値といいます．はずれ値は極めて特殊な値であり慎重に扱う必要があります．ここで"極端に"という言葉が曖昧です．どこからが極端でどこまでが極端でないのでしょうか．いろいろな考え方がありますが，比較的理解しやすい目安として，

$$\text{第 1 四分位数} - \text{四分位範囲} \times 1.5$$

より小さい，または

$$\text{第 3 四分位数} + \text{四分位範囲} \times 1.5$$

より大きいデータの値を**はずれ値**とする基準がよく使われます．ここでもこれを採用することにしましょう．

例 1.5 ではずれ値があるかどうか考えてみましょう．

$$\text{第 1 四分位数} - \text{四分位範囲} \times 1.5 = 13.5 - 5.5 \times 1.5 = 5.25,$$
$$\text{第 3 四分位数} + \text{四分位範囲} \times 1.5 = 19 + 5.5 \times 1.5 = 27.25$$

であるので，大阪の 30 だけがはずれ値です．

ここで，標本平均と中央値に関して，はずれ値の影響があるかどうか考えてみましょう．(1.6) の2組のデータ A, B を再度考えてみます．このとき，A は標本平均も中央値も 4.5 です．一方，B は標本平均が 16, 中央値は 4.5 です．つまり，標本平均ははずれ値の影響を受けやすいのに対し，中央値ははずれ値の影響を受けないことがわかります．今度は標本分散，範囲，四分位範囲に関して，はずれ値の影響があるかどうか考えてみましょう．A の標本分散は 5.25, 範囲は $8 - 1 = 7$, 四分位範囲は $7 - 2 = 5$ です．一方，B の標本分散は 1011.5, 範囲は $100 - 1 = 99$, 四分位範囲は $7 - 2 = 5$ です．つまり，標本分散，範囲ははずれ値の影響を受けやすいのに対し，四分位範囲ははずれ値の影響を受けないことがわかります．

1.4.5 箱ひげ図

前節まででは，データがもつ特徴を視覚的にとらえる方法としてヒストグラムを学びました．本節では，ヒストグラムよりも特徴を簡潔に表す方法として**箱ひげ図**と呼ばれる図を学びます．縦に書く流儀と横に書く流儀がありますが，ここでは横に書く流儀で説明します．当然，縦に書く場合は横と縦を入れ替えて考えることになります．まず，第1四分位数を左端，第3四分位数を右端にもつ長方形（箱）を描き，さらに中央値を表す線分を縦に描きます．次に

第 1 四分位数 − 四分位範囲 × 1.5 を左端，第 3 四分位数 + 四分位範囲 × 1.5 を右端にもつ線分（ひげ）を箱に付け加えます．はずれ値があればその値に相当する位置に × を書きます（図 1.12 参照）．長方形の横の長さが四分位範囲を表します．ヒストグラムと箱ひげ図の関係については図 1.13 のようになります．

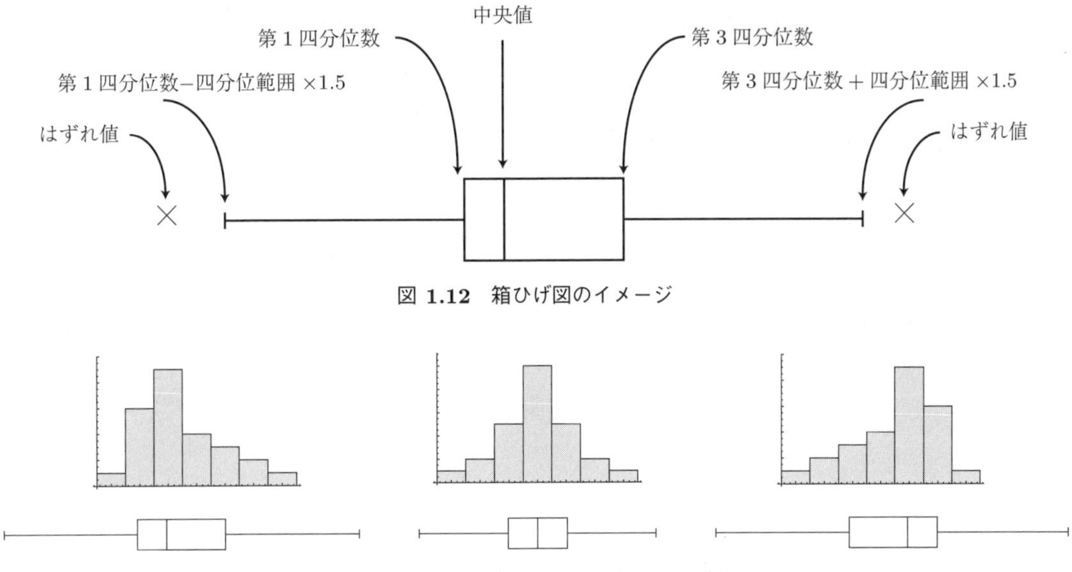

図 **1.12**　箱ひげ図のイメージ

図 **1.13**　箱ひげ図とヒストグラムの関係

例 1.9

次のデータは熱帯アフリカ原産のヘリコニアの 3 種類の花の長さ (mm) を測った結果です（データは，デイヴィッド・ムーア，ジョージ・マッケイブ著，麻生一枝，南條郁子訳，『実データで学ぶ，使うための統計入門』日本評論社 (2008) より）．

(i) ヘリコニア・ビハイ

47.12,　46.75,　46.81,　47.12,　46.67,　47.43,　46.44,　46.64,　48.07,　48.34,
48.15,　50.26,　50.12,　46.34,　46.94,　48.36.

(ii) ヘリコニア・カリバエア（赤）

41.90,　42.01,　41.93,　43.09,　41.47,　41.69,　39.78,　40.57,　39.63,　42.18,
40.66,　37.87,　39.16,　37.40,　38.20,　38.07,　38.10,　37.97,　38.79,　38.23,
38.87,　37.78,　38.01.

(iii) ヘリコニア・カリバエア（黄）

36.78,　37.02,　36.52,　36.11,　36.03,　35.45,　38.13,　37.10,　35.17,　36.82,
36.66,　35.68,　36.03,　34.57,　34.63.

ヘリコニア・ビハイの第1四分位数，中央値，第3四分位数は順に

$$46.67, \quad 47.12, \quad 48.34$$

です．四分位範囲は $48.34 - 46.67 = 1.67$ であるので，

$$\text{第1四分位数} - \text{四分位範囲} \times 1.5 = 44.165 \fallingdotseq 44.17,$$
$$\text{第3四分位数} + \text{四分位範囲} \times 1.5 = 50.845 \fallingdotseq 50.85$$

となります．同様に，ヘリコニア・カリバエア（赤）の第1四分位数，中央値，第3四分位数は順に

$$38.04, \quad 39.16, \quad 41.795$$

であり，四分位範囲は $41.795 - 38.04 = 3.755$ であるので，

$$\text{第1四分位数} - \text{四分位範囲} \times 1.5 = 32.4075 \fallingdotseq 32.41,$$
$$\text{第3四分位数} + \text{四分位範囲} \times 1.5 = 47.4275 \fallingdotseq 47.43$$

となります．最後に，ヘリコニア・カリバエア（黄）の第1四分位数，中央値，第3四分位数は順に

$$35.31, \quad 36.11, \quad 36.92$$

であり，四分位範囲は $36.92 - 35.31 = 1.61$ であるので，

$$\text{第1四分位数} - \text{四分位範囲} \times 1.5 = 32.895 \fallingdotseq 32.90,$$
$$\text{第3四分位数} + \text{四分位範囲} \times 1.5 = 39.335 \fallingdotseq 39.34$$

となります．3つの箱ひげ図を並べて描くと図1.14のようになります．図1.14から(i), (ii), (iii)の順にデータは全体的に小さくなっています．さらに，(i), (ii)は(iii)に比べて，データが小さい方に偏っている，(ii)は(i), (iii)に比べて，データのばらつきが大きい，(iii)は(i), (ii)に比べて，データの偏りが小さいことなどがわかります． □

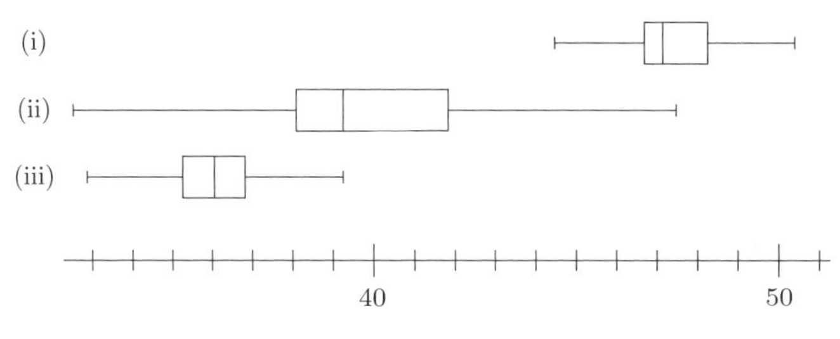

図 1.14 例 **1.9** の箱ひげ図

例 1.5 の箱ひげ図は図 1.15 のようになります．

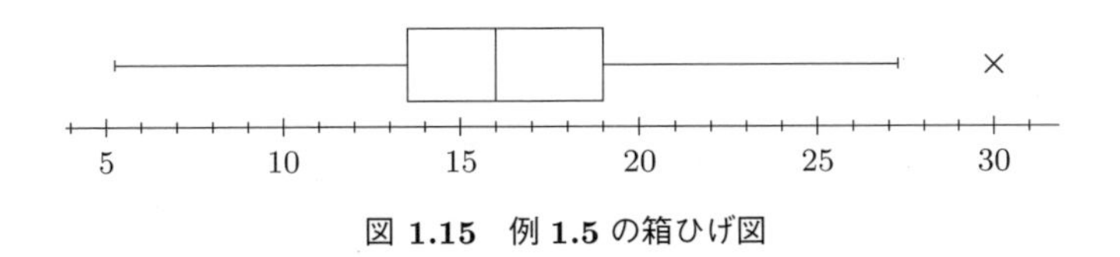

図 1.15　例 1.5 の箱ひげ図

注意 1.1　はずれ値を除いて，第 1 四分位数より小さいデータ，第 3 四分位数より大きいデータのばらつき方は，箱ひげ図には表されていないことに注意が必要です．

1.5　2 次元データ

本節では 2 次元データといわれるデータについて考えます．まず，例をみてみましょう．

例 1.10

暑ければ暑いほど冷たいものが欲しくなるものです．表 1.11 はある地域の 7 日間の最高気温（℃）と，その地域のあるアイスクリーム店の売り上げ額（千円）です．　□

表 1.11　最高気温と売り上げ額

最高気温 (x)	26.1	20.0	23.2	25.1	25.3	27.2	28.1
売り上げ額 (y)	120	55	70	75	70	95	110

例 1.11

数学が得意な人は理科も得意であり，また逆に理科が得意な人は数学も得意であるようにいわれることがしばしばあります．このことは本当でしょうか．表 1.12 は国際教育到達度評価学会に参加している主な国・地域の中学 2 年生の数学と理科の成績です（2007 年国際数学・理科教育調査）．　□

表 1.12　数学と理科の成績

	台湾	韓国	シンガポール	香港	日本	ハンガリー	イングランド	露国
数学 (x)	598	597	593	572	570	517	513	512
理科 (y)	561	553	567	530	554	539	542	530

例 1.10 での

$$(26.1, 120),\quad (20.0, 55),\quad \ldots,\quad (28.1, 110)$$

や，例 1.11 での

$$(598, 561),\quad (597, 553),\quad \ldots,\quad (512, 530)$$

のように 2 つのデータを対（つい）にしたものを **2 次元データ**といいます．これに対して前節までで扱ったようなデータを **1 次元データ**といいます．なお，2 次元データにも質的データと量的デー

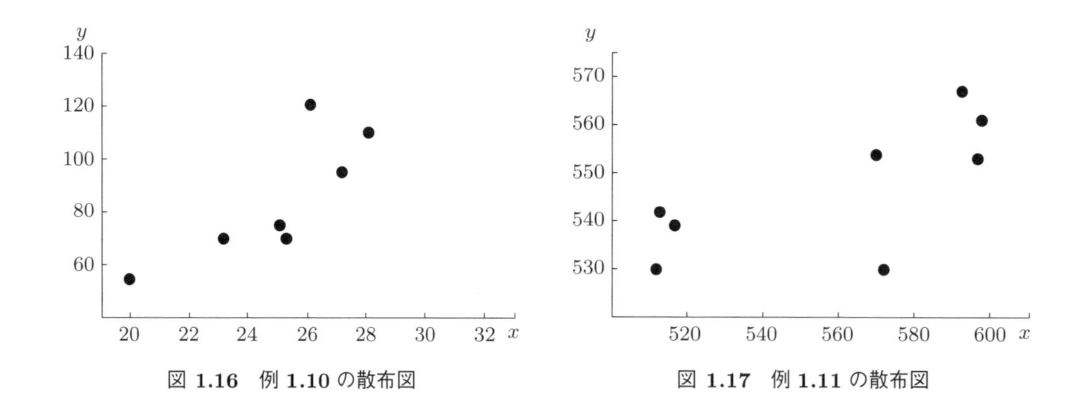

図 1.16 例 1.10 の散布図　　図 1.17 例 1.11 の散布図

タが考えられます．当面，量的データについて述べます．

1 次元データの場合を思い出してみましょう．データそのものをみただけではデータがどのように集中していたり散らばっていたりしているかという特徴をつかむことは困難であるので，データを整理することから始めました．2 次元データの場合も同じです．まずはデータを整理することから始めましょう．例 1.10 での

$$(26.1, 120), \quad (20.0, 55), \quad \ldots, \quad (28.1, 110)$$

を xy 平面にプロットした図が図 1.16 です．たとえば，(26.1, 120) は x 座標が 26.1, y 座標が 120 となる点をプロットすることになります．このような図を作成すると xy 平面のどのあたりにデータがあるか，どのように集中していたり散らばっていたりしているかがわかるでしょう．このような図を**散布図**といいます．図 1.17 は例 1.11 の散布図です．なお，2 次元データの 1 つ目のデータだけ，または 2 つ目のデータだけを考えるとそれは 1 次元データです．つまり，それらの代表値が考えられます．たとえば，例 1.10 では最高気温の標本平均（x の標本平均 $\bar{x}$）は

$$\text{最高気温の標本平均 } \bar{x} = \frac{26.1 + 20.0 + 23.2 + 25.1 + 25.3 + 27.2 + 28.1}{7} = 25.0$$

のように計算されます．同様に売り上げ額の標本平均 (y の標本平均 $\bar{y}$) は

$$\text{売り上げ額の標本平均 } \bar{y} = \frac{120 + 55 + 70 + 75 + 70 + 95 + 110}{7} = 85$$

となります．

1.6 共分散

まず図 1.18 の散布図をみてみましょう．いずれもデータの個数は 30 であり，x の標本平均も y の標本平均も 0 です．しかし，その様子はまったく異なっています．大雑把にいうと，(i) には直線的な関係があり，(ii) には直線的な関係がないといえるでしょう．ここで，直線的な

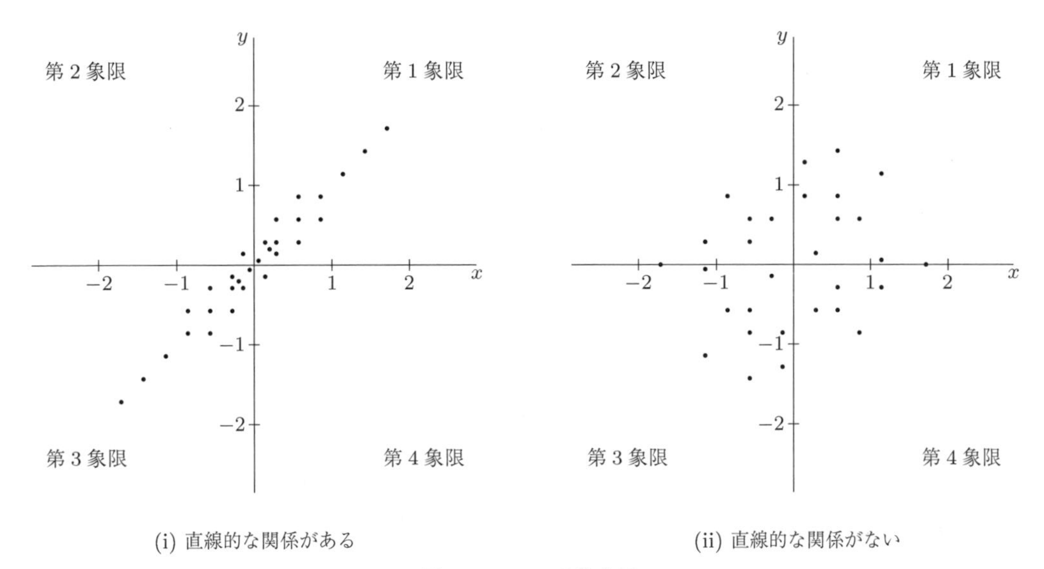

(i) 直線的な関係がある　　(ii) 直線的な関係がない

図 1.18　2 つの散布図

関係とは，x の値が大きくなると y の値も大きくなり，その大きくなる様子が直線的に大きくなることを意味しています．本節では直線的な関係の強さを表す代表値について考えます．(i) では第 1 象限，第 3 象限にデータが集まっていて，第 2 象限，第 4 象限にはデータが少ないことがわかります．一方，(ii) では 4 つの象限にいずれも同程度のデータがあります．ここで，2 次元データの 1 つ目のデータと 2 つ目のデータの積をとり，それらの総和を考えます．たとえば，2 次元データが

$$(2,2),\quad (1,1),\quad (0,0),\quad (-1,-1),\quad (-2,-2)$$

の場合，

$$2\times 2+1\times 1+0\times 0+(-1)\times(-1)+(-2)\times(-2)=10$$

のような総和を "$x \times y$ の総和" と表すことにして，

$$\frac{x\times y \text{ の総和}}{2\text{ 次元データの個数}} \tag{1.7}$$

を考えましょう．これは第 1 象限，第 3 象限にデータが集まっていると正の値をとり，第 2 象限，第 4 象限にデータが集まっていると負の値をとり，さらに 4 つの象限にまんべんなくデータが散布していると 0 に近い値をとる傾向があります．このような値を x と y の**共分散**といいます．この例では x の標本平均も y の標本平均も 0 であったので (1.7) の形でよいのですが，一般にはデータの値から標本平均を引いた値，つまり偏差の積を考えます．x と y の共分散は

$$x \text{ と } y \text{ の共分散} = \frac{\{(x\text{ の偏差})\times(y\text{ の偏差})\}\text{の総和}}{2\text{ 次元データの個数}}$$

で与えられます．式で書くと次のようになります．

$$(x_1, y_1),\ \ (x_2, y_2),\ \ \ldots,\ \ (x_n, y_n)$$

を n 個の2次元データとします．このとき，x と y の共分散 c_{xy} は

$$c_{xy} = \frac{(x_1 - \bar{x})(y_1 - \bar{y}) + (x_2 - \bar{x})(y_2 - \bar{y}) + \cdots + (x_n - \bar{x})(y_n - \bar{y})}{n}$$

で与えられます．

1.7 相関係数

前節では直線的な関係の度合いを表す代表値として共分散について述べました．しかし，共分散は単位に依存し，関係の度合いを比べるには適さないことが知られています．たとえば，身長 (cm) と体重 (kg) の共分散は "cm×kg" の単位をもちます．また，例1.10の共分散は "℃×千円" の単位をもちます．つまり，共分散は関係の度合いを表す代表値ですが，2組の2次元データの共分散を用いてどちらが関係の度合いが強いかを比較することはできません．そこで，共分散を基準化し，単位に依存しないようにした値として相関係数が知られています．**相関係数**は

$$x \text{ と } y \text{ の相関係数} = \frac{x \text{ と } y \text{ の共分散}}{(x \text{ の標本標準偏差}) \times (y \text{ の標本標準偏差})}$$

で与えられます．式で書くと，x と y の相関係数 r_{xy} は

$$r_{xy} = \frac{c_{xy}}{s_x s_y}$$

で与えられます．x と y の相関係数は x と y の単位に依存しないので，2組の直線的な関係の度合いの強さを比較することができます．

公式 1.3

相関係数について，次が成り立ちます．

$$-1 \leq \text{相関係数} \leq 1.$$

相関係数の値と直線的な関係の強さを感覚的に表すと図1.19のようになります．また，図1.20は相関係数の値と散布図との関係のイメージです．2次元データ $(x_1, y_1), (x_2, y_2), \ldots, (x_n, y_n)$ は相関係数が1に近いほど傾きが正の直線の近くに位置し，相関係数が -1 に近いほど傾きが負の直線の近くに位置します．

例1.11では

$$x \text{ の標本平均 } \bar{x} = \frac{598 + 597 + \cdots + 512}{8} = 559,$$

$$y \text{ の標本平均 } \bar{y} = \frac{561 + 553 + \cdots + 530}{8} = 547,$$

$$x \text{ の標本分散 } s_x^2 = \frac{(598 - 559)^2 + (597 - 559)^2 + \cdots + (512 - 559)^2}{8} = 1312.5,$$

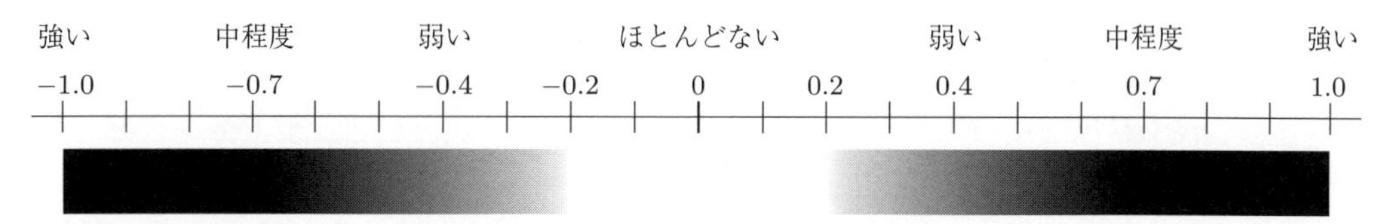

図 1.19 相関係数の値と直線的な関係の強さ

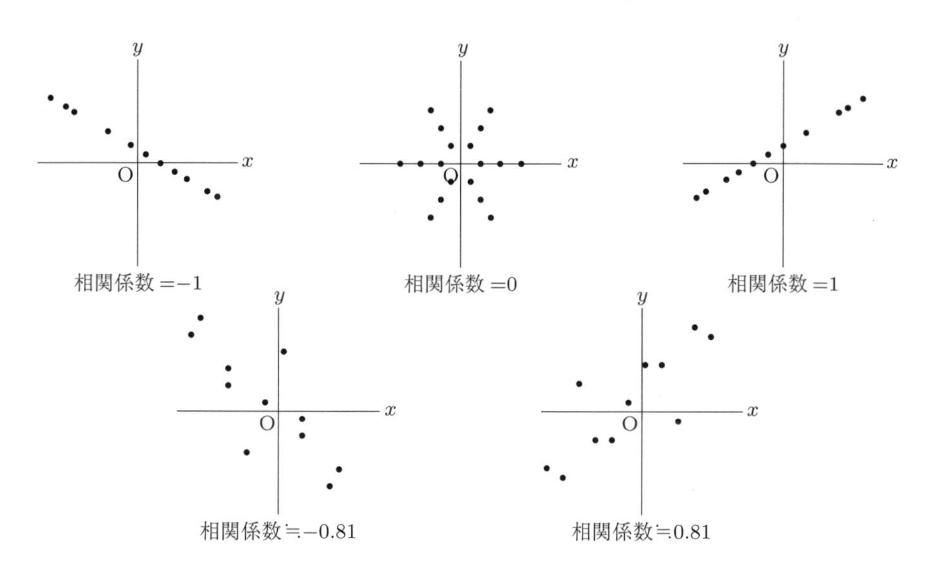

図 1.20 相関係数と散布図のイメージ

$$
\begin{aligned}
y \text{ の標本分散 } s_y^2 &= \frac{(561-547)^2+(553-547)^2+\cdots+(530-547)^2}{8} = 168.5, \\
x \text{ と } y \text{ の共分散 } c_{xy} &= \frac{1}{8}\{(598-559)\times(561-547)+(597-559)\times(553-547) \\
&\quad +\cdots+(512-559)\times(530-547)\} = 334.375
\end{aligned}
$$

となるので，

$$
x \text{ と } y \text{ の相関係数 } r_{xy} = \frac{334.375}{\sqrt{1312.5}\times\sqrt{168.5}} \fallingdotseq 0.71
$$

となります．この場合，直線的な関係の強さは“中程度”ということになります．

1.8 クロス集計表

本節では 2 次元の質的データを扱います．まず，次の例をみてみましょう．

例 1.12

ある 80 人のクラスで試験を行いました．試験は 2 問あり，表 1.13 のような結果が得られました． □

表 1.13 では誰が問題 1, 問題 2 を正しく解答しているかはわかりますが，問題 1, 問題 2 が

表 1.13　例 1.12 の試験結果

	問題 1	問題 2
1	正	正
2	誤	誤
⋮	⋮	⋮
80	正	誤

表 1.14　例 1.12 のクロス集計表

問題 1 ＼問題 2	正	誤	計
正	32	12	44
誤	8	28	36
計	40	40	80

何人の学生に正しく解答されているかや，問題 1 の出来具合と問題 2 の出来具合の関係についてはわかりづらいでしょう．そこで，表 1.14 のような表をつくってみます．表 1.14 での 32 という値は「問題 1 も問題 2 も正しく解答した学生の人数」を表しています．同様に 12, 8, 28 という値はそれぞれ「問題 1 を正しく解答し，問題 2 は間違えた学生の人数」,「問題 1 は間違え，問題 2 を正しく解答した学生の人数」,「問題 1 も問題 2 も間違えた学生の人数」を表しています．さらに，44 という値は「問題 1 を正しく解答した学生の人数」，つまり $32+12$ を表しています．36, 40, 40 も同様です．最後に 80 という値は「問題 1 を正しく解答したか，問題 1 を間違えた学生の人数」であり，また「問題 2 を正しく解答したか，問題 2 を間違えた学生の人数」，つまりクラスの人数を表しています．このような表を作成すると問題 1, 問題 2 をそれぞれ何人の学生が正しく解答しているかが即座にわかるでしょう．このような表を**クロス集計表**，または **2 × 2 分割表**といいます．いわば 2 次元の質的データの度数分布表です．

1.9 独立性

表 1.14 をもう一度みてみましょう．問題 1 を正しく解答した学生は問題 2 も正しく解答した傾向があり，逆に問題 1 を間違えた学生は問題 2 も間違えた傾向があることがうかがえます．つまり，問題 1 を正しく解けることと問題 2 を正しく解けることには関係がありそうです．それでは関係の強さを表す代表値はどう考えればよいでしょうか．

一般的に話をするために，問題 1 を A, 問題 2 を B と表し，問題 1 の正誤を A_1, A_2, 問題 2 の正誤を B_1, B_2 と表します．A_1 かつ B_1, A_1 かつ B_2, A_2 かつ B_1, A_2 かつ B_2 の人数をそれぞれ $n_{11}, n_{12}, n_{21}, n_{22}$ とし，表 1.15 のようなクロス集計表を考えます．より詳しくは第 4 章の独立性の検定で述べます．ここで，表 1.15 の中の $n_{1\cdot}, n_{2\cdot}, n_{\cdot 1}, n_{\cdot 2}$ はそれぞれ

$$n_{1\cdot} = n_{11} + n_{12}, \quad n_{2\cdot} = n_{21} + n_{22}, \quad n_{\cdot 1} = n_{11} + n_{21}, \quad n_{\cdot 2} = n_{12} + n_{22}$$

で与えられる値を表し，

$$n_{1\cdot} + n_{2\cdot} = n_{\cdot 1} + n_{\cdot 2} = n$$

表 1.15　一般のクロス集計表

A ＼ B	B_1	B_2	計
A_1	n_{11}	n_{12}	$n_{1\cdot}$
A_2	n_{21}	n_{22}	$n_{2\cdot}$
計	$n_{\cdot 1}$	$n_{\cdot 2}$	n

表 1.16　一般の独立期待度数表

A ＼ B	B_1	B_2	計
A_1	e_{11}	e_{12}	$n_{1\cdot}$
A_2	e_{21}	e_{22}	$n_{2\cdot}$
計	$n_{\cdot 1}$	$n_{\cdot 2}$	n

となります．また，

$$e_{11} = \frac{n_{1\cdot}n_{\cdot 1}}{n}, \quad e_{12} = \frac{n_{1\cdot}n_{\cdot 2}}{n}, \quad e_{21} = \frac{n_{2\cdot}n_{\cdot 1}}{n}, \quad e_{22} = \frac{n_{2\cdot}n_{\cdot 2}}{n}$$

を**独立期待度数**といい，A と B が独立，つまり，A と B に関係がないときに期待される度数です．これらを表にまとめたものを**独立期待度数表**といい，表 1.16 のようになります．実際のデータである表 1.15 が，どの程度“独立である”という状態から乖離（かいり）しているかを表す代表値として

$$\chi^2 = \frac{(n_{11}-e_{11})^2}{e_{11}} + \frac{(n_{12}-e_{12})^2}{e_{12}} + \frac{(n_{21}-e_{21})^2}{e_{21}} + \frac{(n_{22}-e_{22})^2}{e_{22}} \tag{1.8}$$

が知られています（χ^2 は“カイ 2 乗”と読みます）．この値は表 1.15 と表 1.16 の対応するセルどうしの差の 2 乗を期待度数で割って基準化した量の総和になっています．χ^2 は

$$\chi^2 = n\frac{(n_{11}n_{22}-n_{12}n_{21})^2}{n_{1\cdot}n_{2\cdot}n_{\cdot 1}n_{\cdot 2}} \tag{1.9}$$

でも計算できます．(1.8) の形から，この値が大きければ大きいほど独立でない傾向がある，つまり関係があるということがわかります．実際に計算するには (1.9) を使って計算した方が楽です．χ^2 の値が 3.841 より大きいときは関係があるといい，さらに 6.635 より大きいときは関係が強いといい，3.841 以下のときは関係があるとはいえません．また，質的データどうしの関係のことを**連関**ともいい，χ^2 から求められる**クラメールの連関係数**

$$V = \sqrt{\frac{\chi^2}{n}}$$

も使われることがあります．クラメールの連関係数では

$$0 \leq V \leq 1$$

が成り立ち，実際のデータがほぼ独立期待度数と同じであれば χ^2 の値は 0 に近くなり，クラメールの連関係数は 0 に近くなることがわかります．

例 1.12 での独立期待度数を実際に計算してみると

$$e_{11} = \frac{44\times 40}{80} = 22, \quad e_{12} = \frac{44\times 40}{80} = 22, \quad e_{21} = \frac{36\times 40}{80} = 18, \quad e_{22} = \frac{36\times 40}{80} = 18$$

となり，表 1.17 が得られます．

表 1.17　例 1.12 の独立期待度数表

問題 1＼問題 2	正	誤	計
正	22	22	44
誤	18	18	36
計	40	40	80

また，χ^2 の値は

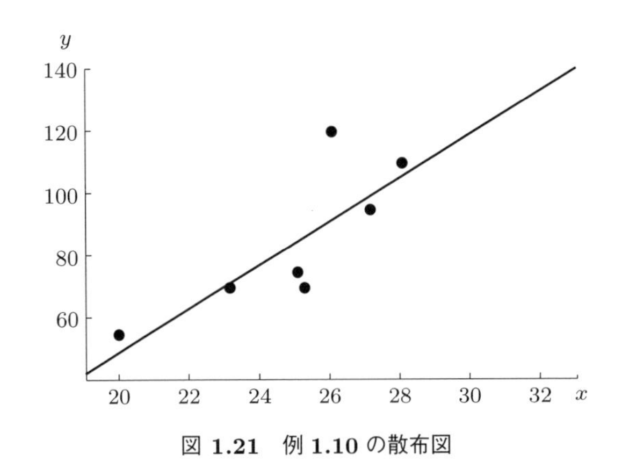

図 **1.21** 例 **1.10** の散布図

$$\chi^2 = 80 \times \frac{(32 \times 28 - 12 \times 8)^2}{44 \times 36 \times 40 \times 40} = \frac{2000}{99} \fallingdotseq 20.2 > 6.635$$

となり，6.635 より大きいことがわかります．このことから，問題 1 と問題 2 は関係が強いと結論付けられます．さらに，クラメールの連関係数は

$$V = \sqrt{\frac{\frac{2000}{99}}{80}} \fallingdotseq 0.50$$

となります．いくつ以上だと関係があるというような明確な基準はありませんが，0.50 という値はそれなりに大きく，問題 1 と問題 2 は関係が強いといってよいでしょう．

1.10 回帰直線

例 1.10 の散布図である図 1.21 をみてみましょう．このとき，およそ図中にあるような直線の関係があるように思えます．これは暑ければ暑いほどアイスクリームの売り上げ額が大きくなることを意味しています．より詳しくは，たとえば，気温が 1 ℃上がれば，アイスクリームの売り上げ額がどの程度増えるかという関係を表しているでしょう．このような直線がわかればアイスクリーム店としては予想気温を参考にすることにより，どの程度の商品を店に用意しておけばよいかがわかり大変便利です．それでは，このような直線の方程式はどのようにして求めればよいでしょうか．図 1.22 をみてみましょう．図中で求めようとしている直線の方程式を $y = a + bx$ とします．このとき，図 1.22 の各点と直線 $y = a + bx$ との縦の線分の長さを考えます．たとえば，点 $(26.1, 120)$ について考えてみます．この点の x 座標は 26.1 です．この x の値 26.1 に対して y の値は本来 $a + 26.1b$ であるはずが，何かしらの原因によって 120 という値をとっていると考えます．そこで，これらの線分の長さの 2 乗の総和

$$\{120 - (a + 26.1b)\}^2 + \{55 - (a + 20.0b)\}^2 + \cdots + \{110 - (a + 28.1b)\}^2$$

が最小になるような直線 $y = a + bx$ を考えます．このような直線を $\boldsymbol{y}$ **の** $\boldsymbol{x}$ **への回帰直線**といいます．

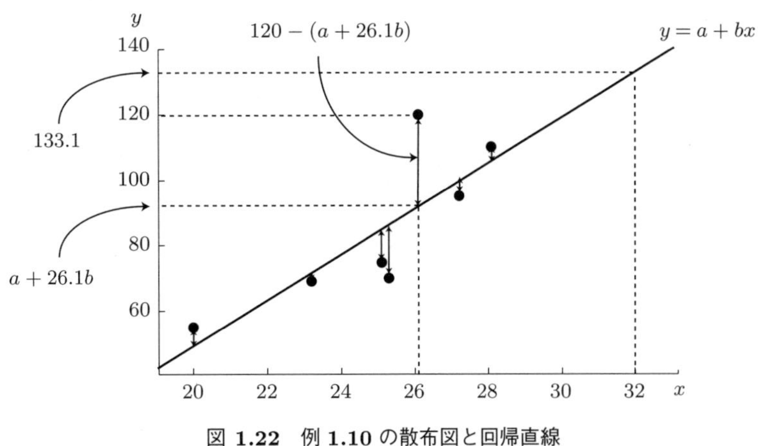

図 **1.22** 例 **1.10** の散布図と回帰直線

公式 1.4

回帰直線について，次の (1), (2) が成り立ちます．

(1) y の x への回帰直線 $y = \hat{a} + \hat{b}x$ の係数 $\hat{a}, \hat{b}$ は次のようにして得られます．

$$\hat{a} = (y \text{ の標本平均}) - \hat{b} \times (x \text{ の標本平均}), \quad \hat{b} = \frac{x \text{ と } y \text{ の共分散}}{x \text{ の標本分散}}$$

($\hat{a}, \hat{b}$ はそれぞれ“エー・ハット”，“ビー・ハット”と読みます)．

(2) 相関係数が 1 または -1 に近ければ近いほど回帰直線のデータへのあてはまりが良くなります（図 1.20 参照）．

公式 1.4 (1) の $\hat{a}, \hat{b}$ を式で書くと

$$\hat{a} = \bar{y} - \hat{b}\,\bar{x}, \quad \hat{b} = \frac{c_{xy}}{s_x^2}$$

となります．ここで，$\hat{b}$ を**回帰係数**といいます．また，このようにして直線を 2 次元データにあてはめる方法を**最小 2 乗法**といいます．なお，一般に“y の x への回帰直線”と“x の y への回帰直線”は異なることに注意しましょう．また，たとえば，「最高気温」と「アイスクリームの売り上げ額」のように 2 種類のデータがそれぞれ原因と結果と考えられるような場合があります．つまり，「最高気温」が原因であり，「アイスクリームの売り上げ額」が結果です．このような場合は，x 軸（横軸）に原因を表すデータ，y 軸（縦軸）に結果を表すデータをとり，y の x への回帰直線を考えるのが一般的です．一方，「数学の成績」と「理科の成績」のような場合はどちらが原因でも結果でもないと考えられるので，このような場合はどちらに x 軸，y 軸をとっても差し支えはありません．データの個数が大きい場合に回帰直線を求めるには計算が大変です．最近では Excel のようなソフトウェアが使われることがほとんどです．

例 1.10 での y の x への回帰直線を求めてみましょう．計算から

$$x \text{ の標本平均 } \bar{x} = 25.0, \quad y \text{ の標本平均 } \bar{y} = 85,$$

$$x \text{ の標本分散 } s_x^2 = \frac{44}{7}, \quad y \text{ の標本分散 } s_y^2 = \frac{3400}{7},$$

$$x \text{ と } y \text{ の共分散 } c_{xy} = \frac{309.5}{7}$$

であるので，回帰係数は

$$\hat{b} = \frac{\frac{309.5}{7}}{\frac{44}{7}} = 7.03\cdots \fallingdotseq 7.0$$

となります．また，このことから

$$\hat{a} = 85 - \frac{309.5}{44} \times 25.0 = -90.85\cdots \fallingdotseq -90.9$$

となり，y の x への回帰直線（図 1.21，図 1.22 の直線）は

$$y = -90.9 + 7.0x$$

となります．また，たとえば最高気温が $x = 32$ (℃) のとき，売り上げ額はおよそ

$$-90.9 + 7.0 \times 32 = 133.1 \quad (\text{千円})$$

となると予想されます．

章末問題 1

問題 1.1 次を量的データと質的データに分けなさい．また，量的データであれば離散型データか連続型データかについても答えなさい．

(i) 名前　(ii) 性別　(iii) 履修している授業の科目数
(iv) 本籍　(v) 学類　(vi) 身長　(vii) 体重

問題 1.2 ある地区の 21 世帯の子供の数を調べたところ，その人数は以下のとおりでした．

1, 2, 3, 2, 1, 0, 2, 3, 2, 2, 2, 2, 3, 2, 2, 2, 4, 2, 0, 2, 2

このとき，度数分布表とヒストグラムを作成しなさい．

問題 1.3 ある 20 人の学生に体重 (kg) を聞き取ったところ，その結果は以下のとおりでした．

51, 65, 59, 60, 51, 52, 66, 63, 66, 66, 58, 61, 55, 57, 54, 70, 62, 57, 57, 58

このとき，階級を 5 つの区間 50.5 ∼ 54.5, 54.5 ∼ 58.5, 58.5 ∼ 62.5, 62.5 ∼ 66.5, 66.5 ∼ 70.5 として度数分布表とヒストグラムを作成しなさい．ただし，度数分布表は級中央値，相対度数を含めた形（表 1.4 の形）で与えなさい．

問題 1.4 問題 1.3 のデータについて，次の代表値を求めなさい．

(i) 標本平均　(ii) 中央値　(iii) 標本分散　(iv) 標本標準偏差　(v) 不偏分散

問題 1.5 問題 1.3 のデータについて，以下の問いに答えなさい．
(1) 次の代表値を求めなさい．

(i) 最小値　(ii) 最大値　(iii) 範囲　(iv) 第 1 四分位数　(v) 第 3 四分位数

(2) はずれ値は存在するかどうか答えなさい．
(3) 箱ひげ図を描きなさい．

問題 1.6 10 人の男子学生に身長 (cm) と体重 (kg) を聞き取ったところ，表のような結果を得ました．このとき，以下の問いに答えなさい．

身長 (x)	159	159	160	166	170	172	173	177	178	176
体重 (y)	52	61	62	60	64	64	66	63	75	73

(1) 散布図を描きなさい.

(2) 身長 (x) の標本平均 $\bar{x}$ と標本分散 s_x^2 を求めなさい.

(3) 体重 (y) の標本平均 $\bar{y}$ と標本分散 s_y^2 を求めなさい.

(4) 身長 (x) と体重 (y) の共分散 c_{xy} を求めなさい.

(5) 身長 (x) と体重 (y) の相関係数 r_{xy} を求めなさい.

問題 1.7 ある 50 人の学生に次のようなアンケートをとりました.

Q1. あなたの性別は？　　Q2. ショッピングは好きですか？

その結果は表のとおりでした. このとき以下の問いに答えなさい.

性別＼ショッピング	好き	嫌い	計
男	19	7	㋐
女	24	0	㋑
計	㋒	㋓	㋔

(1) ㋐〜㋔ に相応しい数値を答えなさい.

(2) 独立期待度数表を作成しなさい.

(3) χ^2 の値を求めなさい.

(4) 関係が強いかどうか答えなさい.

問題 1.8 車はスピードが出ていれば出ているほど危険を察知してからブレーキを踏んで止まるまでの距離（停止距離）は長くなる傾向があります. 表は同じ条件下で車のスピード (km/h) と停止距離 (m) の関係を調査した結果です（データは, “運転免許学科試験模擬問題集” より). このとき, 以下の問いに答えなさい.

スピード (km/h)	20	30	40	50	60	70	80	90	100
停止距離 (m)	9	14	22	32	44	58	76	93	112

(1) スピードと停止距離のどちらが原因, 結果であるか答えなさい.

(2) 散布図を描きなさい.

(3) スピードの標本平均と標本分散を求めなさい.

(4) 停止距離の標本平均と標本分散を求めなさい.

(5) スピードと停止距離の共分散を求めなさい.

(6) スピードと停止距離の相関係数を求めなさい.

(7) 回帰直線を求め, (2) の散布図上に描きなさい.

問題 1.9 例 1.11 のデータに関して y の x への回帰直線を求め, その散布図（図 1.17）上に回帰直線を描きなさい.

第2章 確率

確率とは，ある事柄の起こる可能性を表す 0 から 1 までの値であり，たとえば，歪みのないコインの表の出る確率は $\frac{1}{2}$，歪みのないサイコロの 1 の目の出る確率は $\frac{1}{6}$ です．確率が大きくなれば大きくなるほど，その事柄の起こる可能性は高くなります．

2.1 くじ引きの例

くじ引きを考えましょう．ただし，引いたくじは元に戻さないとします．このようなくじの引き方を**非復元抽出法**[注4] といいます．このとき，最初にくじを引くと当たりやすいとか，後からくじを引くと当たりにくいということはありません．何番目にくじを引いても当たりくじを引く確率は同じになります．このことを次の例で確かめてみましょう．

例 2.1

箱の中にくじが 10 本あり，3 本が当たりくじ，7 本がはずれくじとします．また，A, B の 2 人がこの順番にくじを引き，引いたくじは箱の中に戻さないとします．このとき，次の 3 つの確率を求めてみましょう．

(1) A が当たりくじを引く，
(2) A, B の両方が当たりくじを引く，
(3) B が当たりくじを引く．

(1) A が当たりくじを引く確率を求めます．くじが 10 本あり，当たりくじが 3 本あることから（図 2.1 (i) 参照），

$$\Pr(\text{A が当たりくじを引く}) = \frac{3}{10}$$

となります．ここで，Pr は確率の記号を表します．また，図 2.1 の「○」は当たりくじ，「×」ははずれくじを表します．
(2) A, B の両方が当たりくじを引く確率を求めます．まず，A が当たりくじを引く確率は (1) で求めたように $\frac{3}{10}$ です．次に B がくじを引く場合には，A が当たりくじを引いているので，

注4) 引いたくじを元に戻すようなくじの引き方を**復元抽出法**といいます．

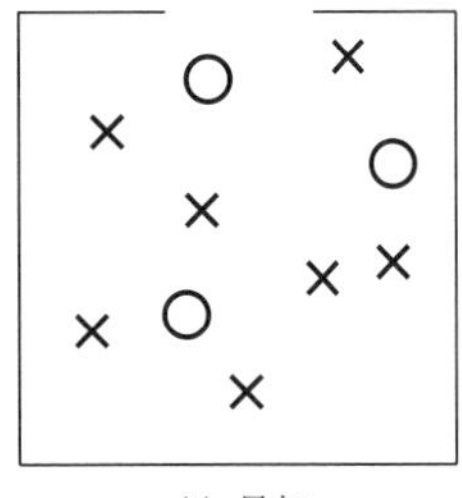

(i) 最初

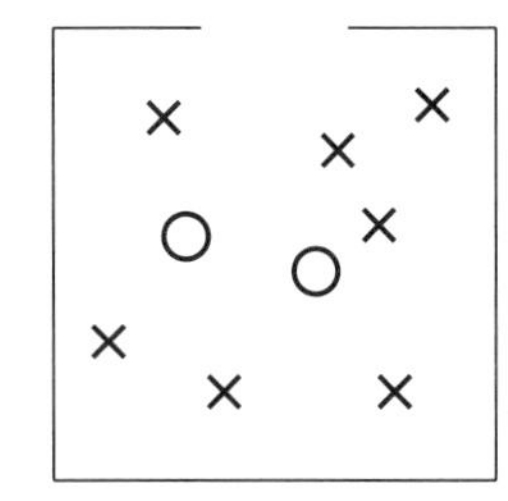

(ii) A が当たりくじを引いたとき

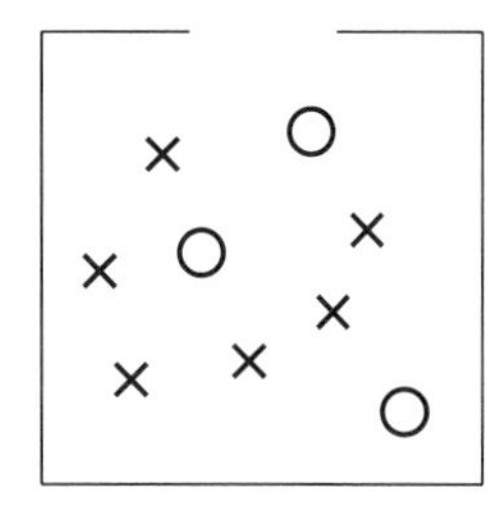

(iii) A がはずれくじを引いたとき

図 2.1　例 2.1 のくじの箱

当たりくじは 1 本減っていて，くじは 9 本，当たりくじは 2 本になっています（図 2.1 (ii) 参照）．このことから，B が当たりくじを引く確率は $\frac{2}{9}$ となり，

$$\Pr(\text{A, B の両方が当たりくじを引く}) = \frac{3}{10} \times \frac{2}{9} = \frac{1}{15}$$

となります．

(3) B が当たりくじを引く確率を求めます．この場合には，

(C1) A が当たりくじを引き，B が当たりくじを引く，
(C2) A がはずれくじを引き，B が当たりくじを引く

の 2 通りがあります．(C1) の確率は (2) で求めたように

$$\Pr(\text{C1}) = \Pr(\text{A, B の両方が当たりくじを引く}) = \frac{1}{15}$$

となります．(C2) の確率を求めましょう．まず，くじが 10 本あり，はずれくじが 7 本あることから，A がはずれくじを引く確率は $\frac{7}{10}$ となります．次に B がくじを引く場合には，A がはずれくじを引いているので，くじは 9 本になり，当たりくじは 3 本のままとなっています（図 2.1 (iii) 参照）．このことから，B が当たりくじを引く確率は $\frac{3}{9}$ となり，

$$\Pr(\text{C2}) = \frac{7}{10} \times \frac{3}{9} = \frac{7}{30}$$

となります．したがって，

$$\Pr(\text{B が当たりくじを引く}) = \Pr(\text{C1}) + \Pr(\text{C2}) = \frac{1}{15} + \frac{7}{30} = \frac{9}{30} = \frac{3}{10}$$

となり，

$$\Pr(\text{A が当たりくじを引く}) = \Pr(\text{B が当たりくじを引く}) \tag{2.1}$$

となることがわかります．一般に，当たりくじが m 本，はずれくじが n 本の場合でも，(2.1) は成り立ちます．　□

2.2 確率に関するいろいろな用語

例 2.1 で，A が当たりくじを引く確率，B が当たりくじを引く確率を求めましたが，この節では，確率に関する用語をまとめます．

2.2.1 試行と事象

1 つのサイコロを投げるとき，出る目の数は 1, 2, 3, 4, 5, 6 のどれかですが，どの目が出るかは偶然によって決まります．このサイコロ投げのように一般に結果が偶然によって決まる操作を**試行**といいます．サイコロ投げで，たとえば，1 の目が出ることを 1 と表すことにすると，この試行の起こりうる結果は

$$\{1\},\ \{2\},\ \{3\},\ \{4\},\ \{5\},\ \{6\}$$

と表され，これらを**根元事象**といいます．この 6 個の根元事象の全体の集合

$$\{1, 2, 3, 4, 5, 6\}$$

を**全事象**といい，いくつかの根元事象からなる集合を**事象**といいます．たとえば，奇数の目が出るという事象は $\{1, 3, 5\}$ と表されます．

2.2.2 事象の確率

1 つの歪みのないサイコロを投げるとき，根元事象

$$\{1\},\ \{2\},\ \{3\},\ \{4\},\ \{5\},\ \{6\}$$

のどれもが同様に確からしく起こるものと考えられることから，各根元事象の起こる確率は $\frac{1}{6}$ となります．ここで，6 は全事象の根元事象の個数です．このとき，奇数の目が出るという事象を A とすると，事象 A の根元事象は $\{1\}, \{3\}, \{5\}$ の 3 つがあることから，

$$\Pr(A) = \Pr(\,1, 3, 5 \text{ の目が出る}\,) = \frac{3}{6}$$

となります．つまり，$\Pr(A)$ は（事象 A の根元事象の個数）を（全事象の根元事象の個数）で割っていることになります．

一般に，ある試行において，すべての根元事象の起こる確率が等しいとき，事象 A の**確率** $\Pr(A)$ は

$$\Pr(A) = \frac{\text{事象 } A \text{ の根元事象の個数}}{\text{全事象の根元事象の個数}} \tag{2.2}$$

で与えられます．

例 2.2

例 2.1 と同じくじ引きを考え，

$$\mathrm{Pr}(\text{A が当たりくじを引く}) = \frac{3}{10}$$

を根元事象で説明してみましょう．箱の中の 3 本の当たりくじに番号 1, 2, 3 を付け，7 本のはずれくじに番号 4, 5, 6, 7, 8, 9, 10 を付けます．A がくじを引くとき，根元事象をくじの番号で表すことにすると，全事象は

$$\{1, 2, 3, 4, 5, 6, 7, 8, 9, 10\}$$

と表され，根元事象の個数は 10 となり，どの根元事象の起こる確率も $\frac{1}{10}$ となります．また，A が当たりくじを引くという事象は

$$\{1, 2, 3\}$$

と表され，根元事象の個数は 3 となり，(2.2) から，

$$\mathrm{Pr}(\text{A が当たりくじを引く}) = \frac{3}{10}$$

となります． □

B が当たりくじを引く確率を例 2.1 とは異なる方法で求めてみましょう．

例 2.3

例 2.1 と同じくじ引きを考え，A, B の両方がくじを引くことを 1 つの試行と考えます．例 2.2 と同じように，くじに番号を付けると，全事象は

$$\{(1,2), (1,3), \ldots, (1,10), (2,1), (2,3), \ldots, (2,10), \ldots, (10,1), (10,2), \ldots, (10,9)\}$$

と表されます．ここで，$(1,2)$ は A が番号 1 のくじを引き，B が番号 2 のくじを引くことを表しています．このことから，全事象の根元事象の個数は 90 となり，どの根元事象の起こる確率も $\frac{1}{90}$ となります．また，B が当たりくじを引くという事象は

$$\{(2,1), (3,1), \ldots, (10,1), (1,2), (3,2), \ldots, (10,2), \ldots, (1,3), (2,3), \ldots, (10,3)\}$$

と表され，根元事象の個数は 27 となり，(2.2) から，

$$\mathrm{Pr}(\text{B が当たりくじを引く}) = \frac{27}{90} = \frac{3}{10}$$

となります． □

上の例からわかるように，確率を計算する際には，試行をどのように考えるか，そのとき，全事象，根元事象がどうなるかを考えることが大切です．

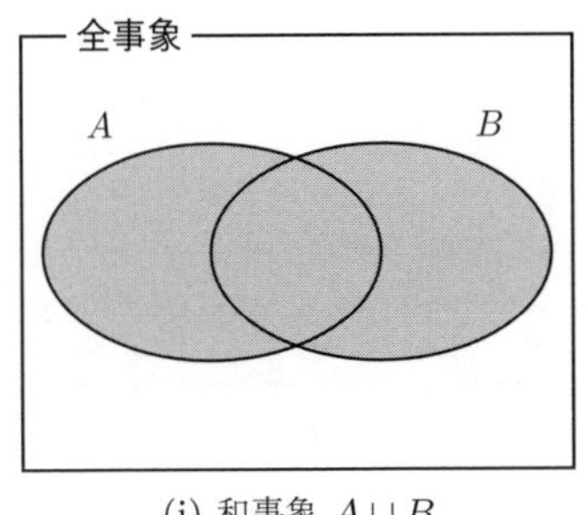

(i) 和事象 $A \cup B$

(ii) 積事象 $A \cap B$

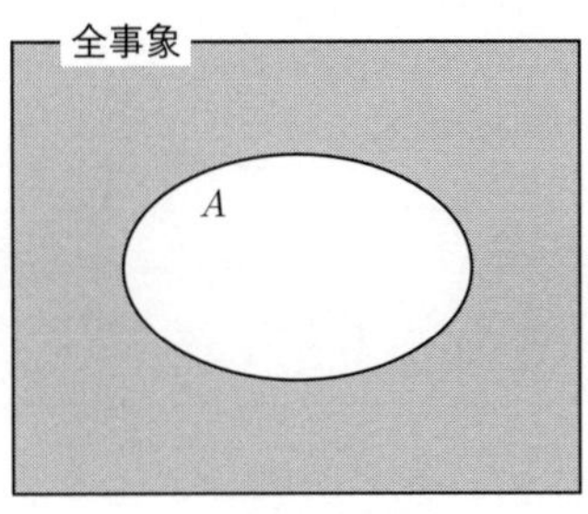

(iii) 余事象 $\bar{A}$

図 **2.2**　いろいろな事象

2.2.3　和事象，積事象と余事象

2つの事象 A, B に対して，「A または B が起こる」という事象を A と B の**和事象**（図 2.2 (i) 参照）といい，$A \cup B$ と表します．また，「A かつ B が起こる」という事象を A と B の**積事象**（図 2.2 (ii) 参照）といい，$A \cap B$ と表します．たとえば，1つのサイコロを投げるとき，奇数の目が出るという事象を A とし，4 以上の目が出るという事象を B とすると，

$$A = \{1, 3, 5\}, \quad B = \{4, 5, 6\}$$

と表されます．このとき，「A または B が起こる」ということは「奇数または 4 以上の目が出る」ということであり，A と B の和事象は

$$A \cup B = \{1, 3, 4, 5, 6\}$$

となります．また，「A かつ B が起こる」ということは「奇数かつ 4 以上の目が出る」ということであり，A と B の積事象は

$$A \cap B = \{5\}$$

となります．

事象 A に対して，「A が起こらない」という事象を A の**余事象**（図 2.2 (iii) 参照）といい，$\bar{A}$ と表します．上のサイコロの例では，「A が起こらない」ということは「奇数の目が出ない」つまり「偶数の目が出る」ということであり，A の余事象は

$$\bar{A} = \{2, 4, 6\}$$

となります．

和事象，積事象の確率について，次の公式が成り立ちます．

公式 2.1

2つの事象 A, B について，

$$\Pr(A \cup B) = \Pr(A) + \Pr(B) - \Pr(A \cap B) \tag{2.3}$$

が成り立ちます．

例 2.4

45人のクラスで，選挙権を18歳以上とする意見に賛成か反対を調べたところ，表2.1の結果が得られました．このクラスからランダムに1人を選ぶとき，選ばれた学生が男性であるという事象を A とし，この意見に賛成であるという事象を B とすると，

$$\Pr(A) = \frac{25}{45}, \quad \Pr(B) = \frac{27}{45}, \quad \Pr(A \cap B) = \frac{18}{45}, \quad \Pr(\bar{A}) = \frac{20}{45},$$

$$\Pr(A \cup B) = \frac{18 + 7 + 9}{45} = \frac{34}{45}$$

となります．また，(2.3) を用いると，

$$\Pr(A \cup B) = \Pr(A) + \Pr(B) - \Pr(A \cap B) = \frac{25}{45} + \frac{27}{45} - \frac{18}{45} = \frac{34}{45}$$

となります． □

表 2.1　性別と賛否の結果（例 2.4）

	賛成	反対	計
男性	18	7	25
女性	9	11	20
計	27	18	45

2.3 条件付き確率

例2.1のくじ引きをもう一度考えてみましょう．A が当たりくじを引いたことがわかっているときの B が当たりくじを引く確率は $\frac{2}{9}$ でした（例2.1 (2) 参照）．一般に，事象 A が起こったという条件のもとで，事象 B の起こる確率を**条件付き確率**といい，$\Pr(B|A)$ と表します．

公式 2.2

条件付き確率 $\Pr(B|A)$ について，

$$\Pr(B|A) = \frac{\Pr(A \cap B)}{\Pr(A)} \tag{2.4}$$

が成り立ちます．

例 2.5

例 2.4 をもう一度考えてみます．選ばれた学生が男性であることがわかっているという条件のもとで，その学生が賛成である条件付き確率を求めてみましょう．例 2.4 と同じ記号を用いると，求める条件付き確率は $\Pr(B|A)$ と表されます．(2.4) と

$$\Pr(A) = \frac{25}{45}, \quad \Pr(A \cap B) = \frac{18}{45}$$

より，

$$\Pr(B|A) = \frac{\Pr(A \cap B)}{\Pr(A)} = \frac{18}{25}$$

となります．また，条件を考えることによって条件付き確率を直接求めることも出来ます．選ばれた学生が男性であることがわかっていることから，表 2.1 の「男性」の行だけを考えることになります．「男性」の行から 1 人の学生が選ばれることになり，その学生が賛成である確率 $\frac{18}{25}$ が求める条件付き確率となります． □

2.4 ベイズの定理

ベイズの定理は迷惑メールの判別，臨床検査の偽陽性，沈没船の捜索，犯罪捜査，マーケティング等に応用されています．今後も，いろいろな分野への応用が期待されています．2.3 節では，事象 A が起こったという条件のもとで，事象 B が起こる条件付き確率 $\Pr(B|A)$ を考えましたが，事象 A を原因，事象 B を結果とすると，原因があって結果があるという自然の流れです．これに対して，ベイズの定理は自然の流れとは逆で $\Pr(A|B)$ が求められるというものであり，結果 B がわかったとき，原因 A はどれくらいの可能性があるのだろうかを推測することが出来ます．

まず，迷惑メールの判別を取り上げましょう．最近，大量の迷惑メールが届きます．そこで，いくつかの単語（たとえば，無料視聴，賞金など）を考え，それらの単語のどれかがメールの本文に含まれていれば，そのメールを迷惑メールと判断するシステムを考えましょう．過去のデータから，本当は迷惑メールであるがこのシステムによって迷惑メールと判断されない確率は 0.20，本当は迷惑メールではないがこのシステムによって迷惑メールと判断される確率は 0.05 であること，また，迷惑メールである確率は 0.60 であることがわかっているとしましょう．迷惑メールであるという事象を A とし，迷惑メールと判断されるという事象を B とすると，

$$\Pr(A) = 0.60, \quad \Pr(\bar{A}) = 0.40, \quad \Pr(B|A) = 0.80, \quad \Pr(B|\bar{A}) = 0.05$$

となります．これらの確率を図 2.3 のように表します．A の左側の数字 0.60 は $\Pr(A)$ を表し，A から B への矢印の上側の数字 0.80 は $\Pr(B|A)$ を表しています．条件付き確率 $\Pr(B|A)$ は，迷惑メールが届いたとき，そのメールが迷惑メールと判断される確率を表します．一方，$\Pr(A|B)$ は，届いたメールが迷惑メールと判断されたとき，そのメールが本当に迷惑メールで

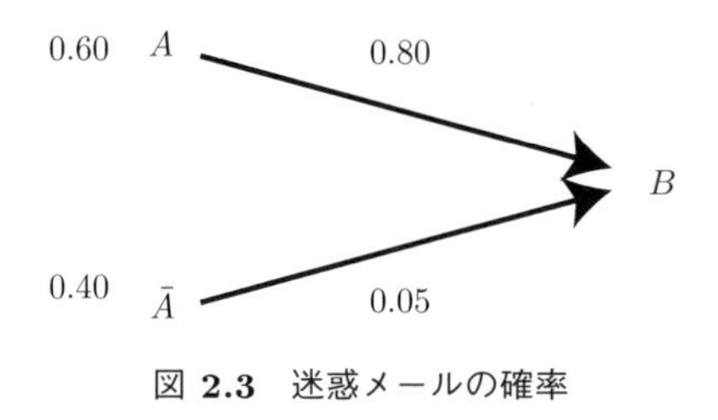

図 **2.3**　迷惑メールの確率

ある確率を表します．

一般に，条件付確率 $\Pr(A|B)$ について，次の公式が成り立ちます．

公式 2.3

条件付き確率 $\Pr(A|B)$ は

$$\Pr(A|B) = \frac{\Pr(A)\Pr(B|A)}{\Pr(A)\Pr(B|A) + \Pr(\bar{A})\Pr(B|\bar{A})}$$

によって与えられます．

公式 2.3 を**ベイズの定理**といい，$\Pr(A)$ を事象 A の**事前確率**，$\Pr(A|B)$ を事象 B が起こったときの事象 A の**事後確率**といいます．上の迷惑メールの例では，

$$\Pr(A|B) = \frac{0.60 \times 0.80}{0.60 \times 0.80 + 0.40 \times 0.05} = 0.96$$

となり，迷惑メールと判断されたメールが本当に迷惑メールである確率は 0.96 となります．この確率をさらに大きくするためには，迷惑メールに含まれる単語を追加することになります．

次は臨床検査の偽陽性，沈没船の捜索の例です．

例 2.6

50 歳の男性の糖尿病にかかっている人の割合は 2% とわかっているものとします．ある検査法では，糖尿病にかかっている人のうち 99% が糖尿病と判定されますが，糖尿病にかかっていない人のうち 3% が糖尿病と誤って判定されます．いま，ランダムに選ばれた 50 歳の男性を T さんと呼ぶことにします．T さんがこの検査法を受けたとき，次の 3 つの確率を求めましょう．

(1) T さんが糖尿病にかかっていて，かつ，検査で糖尿病と判定される，
(2) T さんが検査で糖尿病と判定される，
(3) T さんが検査で糖尿病と判定されたとき，本当に糖尿病にかかっている．

糖尿病にかかっているという事象を A，糖尿病と判定されるという事象を B とすると，

$$\Pr(A) = 0.02, \quad \Pr(\bar{A}) = 0.98, \quad \Pr(B|A) = 0.99, \quad \Pr(B|\bar{A}) = 0.03$$

であることから，次の (1), (2), (3) がわかります．

(1) T さんが糖尿病にかかっていて，かつ，検査で糖尿病と判定される確率は，(2.4) より，

$$\Pr(A \cap B) = \Pr(A)\Pr(B|A) = 0.02 \times 0.99 \fallingdotseq 0.02$$

となります．

(2) T さんが検査で糖尿病と判定される確率は，T さんが糖尿病にかかっている場合とかかっていない場合があるので，

$$\begin{aligned}\Pr(B) &= \Pr(A)\Pr(B|A) + \Pr(\bar{A})\Pr(B|\bar{A}) \\ &= 0.02 \times 0.99 + 0.98 \times 0.03 \fallingdotseq 0.05\end{aligned}$$

となります．

(3) T さんが検査で糖尿病と判定されたとき，本当に糖尿病にかかっている確率は $\Pr(A|B)$ であるので，公式 2.3 より，

$$\Pr(A|B) = \frac{0.02 \times 0.99}{0.02 \times 0.99 + 0.98 \times 0.03} \fallingdotseq 0.40$$

となります．□

例 2.6 で，T さんが糖尿病である事前確率は 2% でしたが，事後確率は 40% となり，T さんが糖尿病である可能性が高くなりました．もう一度，T さんがこの検査を受けるときには，事前確率を事後確率に置き換えます（これを事前確率の**更新**といいます）．2 回目の検査で，糖尿病と判定されたときには，T さんが糖尿病である確率は

$$\frac{0.40 \times 0.99}{0.40 \times 0.99 + 0.60 \times 0.03} \fallingdotseq 0.96$$

となり，糖尿病である可能性はかなり高くなります．

ベイズの定理は事前確率を与える事象が 2 つ以上の場合でも成り立ちます．

公式 2.4

2 つの事象 A_1, A_2 に対して，$A_3 = \overline{A_1 \cup A_2}$ とし，全事象が 3 つの事象 A_1, A_2, A_3 に分けられているとすると，

$$\Pr(A_1|B) = \frac{\Pr(A_1)\Pr(B|A_1)}{\Pr(A_1)\Pr(B|A_1) + \Pr(A_2)\Pr(B|A_2) + \Pr(A_3)\Pr(B|A_3)} \tag{2.5}$$

が成り立ちます．(2.5) で，A_1 と A_2, あるいは A_1 と A_3 を入れ替えても成り立ちます．

(2.5) を言葉で表すと，

$$\Pr(A_1|B) = \frac{A_1 \text{ かつ } B \text{ の確率}}{(A_1 \text{ かつ } B \text{ の確率}) + (A_2 \text{ かつ } B \text{ の確率}) + (A_3 \text{ かつ } B \text{ の確率})}$$

となります．

例 2.7

3つの海域 R_1, R_2, R_3 のどこかに船が沈んでいるとし，船を捜索するとしましょう．R_1, R_2, R_3 に船が沈んでいる確率をそれぞれ 0.50, 0.30, 0.20 と推測したとし，確率の一番大きい海域 R_1 を捜索することに決めます．また，過去の経験から，R_1 に船が沈んでいるとき，船が発見される確率を 0.30 とします．もし R_1 で船が発見されなかったとき，もう一度 R_1 を捜索したほうがいいか，それとも，R_2, R_3 を捜索したほうがいいかをベイズの定理を用いて判断しましょう．

R_1, R_2, R_3 に船が沈んでいるという事象をそれぞれ A_1, A_2, A_3 と表し，船が発見されないという事象を B と表すと，A_1, A_2, A_3 の事前確率は

$$\Pr(A_1) = 0.50, \quad \Pr(A_2) = 0.30, \quad \Pr(A_3) = 0.20$$

となります．また，R_1 に船が沈んでいるとき，船が発見される確率は 0.30 であることから，

$$\Pr(B|A_1) = 1 - 0.30 = 0.70$$

となります．R_2, R_3 はまだ捜索していないので，もちろん船は発見されず，$\Pr(B|A_2) = 1$, $\Pr(B|A_3) = 1$ となります（図 2.4 参照）．船が発見されなかったとき，R_1 に船が沈んでいる確率，つまり，A_1 の事後確率 $\Pr(A_1|B)$ は (2.5) より，

$$\Pr(A_1|B) = \frac{0.50 \times 0.70}{0.50 \times 0.70 + 0.30 \times 1 + 0.20 \times 1} \fallingdotseq 0.41$$

となります．また，A_2, A_3 の事後確率は

$$\Pr(A_2|B) = \frac{0.30 \times 1}{0.50 \times 0.70 + 0.30 \times 1 + 0.20 \times 1} \fallingdotseq 0.35$$

$$\Pr(A_3|B) = \frac{0.20 \times 1}{0.50 \times 0.70 + 0.30 \times 1 + 0.20 \times 1} \fallingdotseq 0.24$$

となり，A_1, A_2, A_3 の事後確率を比較すると，もう一度 R_1 を捜索したほうがいいことになります．1968 年にアメリカの原子力潜水艦スコーピオンが大西洋で行方不明となりましたが，この例のような方法で海域の絞り込みを行い，潜水艦は発見されました． □

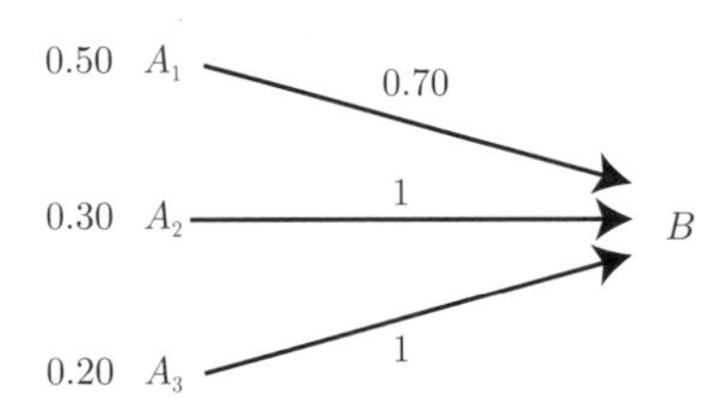

図 2.4 沈没船の捜索の確率（例 2.7）

例 2.8 **(3 囚人の問題)**

囚人 S_1, S_2, S_3 が保釈される確率は等しく，今回，3 人のうち 1 人だけが保釈されることがわかっています．S_1, S_2, S_3 が保釈されるという事象をそれぞれ A_1, A_2, A_3 と表すと，

$$\Pr(A_1) = \frac{1}{3}, \quad \Pr(A_2) = \frac{1}{3}, \quad \Pr(A_3) = \frac{1}{3}$$

となります．看守は 3 人のうち誰が保釈されるかを知っています．いま，囚人 S_1 が看守に「他の 2 人のうちどちらが保釈されないか」を尋ねたところ，看守は「S_2 は保釈されない」と答えました．ただし，この看守は「S_2 は保釈されない」か「S_3 は保釈されない」かのどちらかを，決してうそをつかないように，ランダムに答えたとします．

囚人 S_1 は看守の答えを聞き，保釈されるのは自分か S_3 であるので，自分が保釈される確率は $\frac{1}{3}$ から $\frac{1}{2}$ になったと喜びました．本当に S_1 が保釈される確率は $\frac{1}{2}$ になったのでしょうか．看守がこのように答えたという状況で，S_1 が保釈される確率を考えてみましょう．看守が「S_2 は保釈されない」と答えるという事象を B と表し，次の (1), (2), (3) の場合を考えます．

(1) S_1 が保釈されるとき，看守は「S_2 は保釈されない」か「S_3 は保釈されない」かをランダムに答えることになり，看守が「S_2 は保釈されない」と答える確率は

$$\Pr(B|A_1) = \frac{1}{2}$$

となります．

(2) S_2 が保釈されるとき，看守は決してうそをつかないことから，「S_2 は保釈されない」とは答えることが出来ないので，

$$\Pr(B|A_2) = 0$$

となります．

(3) S_3 が保釈されるとき，看守は「S_2 は保釈されない」としか答えることが出来ないので，

$$\Pr(B|A_3) = 1$$

となります．

求める確率は $\Pr(A_1|B)$ と表されることから，(1), (2), (3), (2.5) を用いて，

$$\Pr(A_1|B) = \frac{\frac{1}{3} \times \frac{1}{2}}{\frac{1}{3} \times \frac{1}{2} + \frac{1}{3} \times 0 + \frac{1}{3} \times 1} = \frac{1}{3}$$

となります．つまり，S_1 が保釈される確率は $\frac{1}{3}$ と変わりません．また，

$$\Pr(A_2|B) = \frac{\frac{1}{3} \times 0}{\frac{1}{3} \times \frac{1}{2} + \frac{1}{3} \times 0 + \frac{1}{3} \times 1} = 0,$$

$$\Pr(A_3|B) = \frac{\frac{1}{3}\times 1}{\frac{1}{3}\times\frac{1}{2}+\frac{1}{3}\times 0+\frac{1}{3}\times 1} = \frac{2}{3}$$

となり，S_3 が保釈される確率は $\frac{1}{3}$ から $\frac{2}{3}$ に増えたことになります．その理由は看守の答えが S_3 に対する情報を与えたことにあります．図 2.5 は A_1, A_2, A_3 から B となる確率の流れです．A_1, A_2, A_3 を原因と考えると，結果が B となる原因は A_1 より A_3 のほうが確率は大きく，A_3 が原因となる確率は A_1 が原因となる確率の 2 倍であることがわかります． □

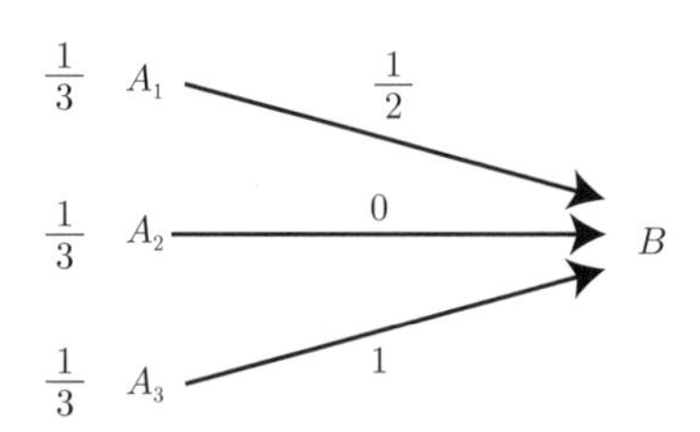

図 **2.5** **3** 囚人の問題の確率（例 **2.8**）

例 2.9 **(モンティ・ホールの問題)**

アメリカで，視聴者が賞品を当てる「Let's make a deal」というテレビ番組がありました．「make a deal」とは「取引して話をつける」という意味です．3 つの扉があり，1 つの扉の向こう側には賞品があって，残りの 2 つにははずれくじのヤギがいます．視聴者は 3 つの扉のどれか 1 つを選び，司会者（司会者の名前がモンティ・ホール）は視聴者が選ばなかった 2 つの扉のうちのはずれくじの扉を開けます（図 2.6 参照）．もちろん，司会者はどの扉に商品があるのかを知っています．そこで，司会者は視聴者に「このままでいいか」それとも「扉を選びなおすか」と迫るという番組です．例 2.8 の 3 囚人の問題の「看守」を「司会者」，「釈放」を「賞品」に置き換えて考えると，視聴者は「扉を選びなおす」を選択したほうが賞品の当たる確率は大きくなることがわかります． □

図 **2.6** 例 **2.9** の扉

2.5 確率変数

前節まででは確率について述べました．本節以降では確率的に変動する数について，その基礎的性質について学びます．まず，例をみてみましょう．

例 2.10

1 枚の歪みのないコインを投げるとき，表が出たら $X = 1$, 裏が出たら $X = 0$ とします．X は 0 か 1 の値をとる変数ですが，$X = 1$ となる確率は $\frac{1}{2}$, $X = 0$ となる確率は $\frac{1}{2}$ となります． □

例 2.11

1 つの歪みのないサイコロを投げるとき，出る目の数 Y を考えてみましょう．Y は 1 から 6 までの値をとる変数ですが，どの値をとる確率も $\frac{1}{6}$ となります． □

これらの例の X, Y のように確率的に変動する数のことを**確率変数**といいます．特に，確率変数のとる値がとびとびの値をとるとき，**離散型確率変数**といいます．例 2.10 では，X は 0 か 1 の値しかとらないので離散型確率変数になります．例 2.11 では，Y は $1, 2, \ldots, 6$ の値しかとらないので，Y も離散型確率変数になります．確率変数はこれらの例のように通常の変数と区別するため，大文字 X, Y 等が用いられます．これに対して，通常の変数は小文字 x, y 等が用いられます．

2.6 離散型確率分布

例 2.10 を見直してみましょう．$X = 1$ となる確率は $\frac{1}{2}$, $X = 0$ となる確率も $\frac{1}{2}$ になり，これらのことをまとめることにより表 2.2 が得られます．さらに，この表をグラフにすると図 2.7 が得られます．

表 2.2 例 2.10 の確率

X の値	0	1	合計
確率	$\frac{1}{2}$	$\frac{1}{2}$	1

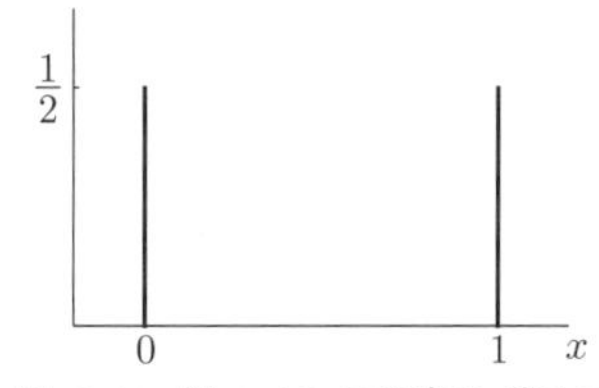

図 2.7 例 2.10 の確率のグラフ

一般に，確率変数 X のとる値が $x_1, x_2, \ldots, x_n$ であるとき，X が 1 つの値 x_i $(i = 1, 2, \ldots, n)$ をとる確率を

$$\Pr(X = x_i)$$

と表すことにします．すると，例 2.10 では

$$\Pr(X=0)=\frac{1}{2},\quad \Pr(X=1)=\frac{1}{2}$$

となります．また，X の値が a 以上 b 以下である確率を

$$\Pr(a \le X \le b)$$

と表すことにします．たとえば，例 2.10 では

$$\Pr(0 \le X \le 1)=\Pr(X=0)+\Pr(X=1)=1,$$
$$\Pr\left(-\frac{1}{2} \le X \le \frac{1}{2}\right)=\Pr(X=0)=\frac{1}{2}$$

となります．

表 2.2 のような離散型確率変数のとる値と確率をまとめて**離散型確率分布**，または単に**離散型分布**といい，確率変数 X はこの**確率分布に従う**といいます．いま，関数 $P(x)$ を

$$P(x)=\Pr(X=x)\quad (x=x_1,x_2,\ldots,x_n)$$

とし，これを X の**確率関数**といいます．つまり，離散型確率分布は確率関数によって決まります．例 2.10 では

$$x_1=0,\quad x_2=1$$

であり，確率関数は

$$P(x)=\frac{1}{2}\quad (x=0,1)$$

となります．次に，例 2.11 では，確率関数は

$$P(y)=\frac{1}{6}\quad (y=1,2,\ldots,6)$$

となります．これらのことをまとめると表 2.3 が得られます．さらにグラフにすると図 2.8 が得られます．

表 2.3 例 2.11 の確率分布

Y の値	1	2	3	4	5	6	合計
確率	$\frac{1}{6}$	$\frac{1}{6}$	$\frac{1}{6}$	$\frac{1}{6}$	$\frac{1}{6}$	$\frac{1}{6}$	1

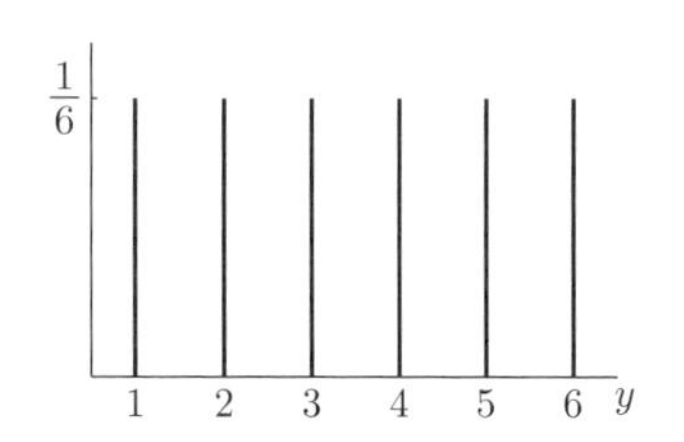

図 2.8 例 2.11 の確率分布のグラフ

確率関数について，次の公式が成り立ちます．

公式 2.5

確率変数 X のとる値が $x_1, x_2, \dots, x_n$ のとき，X の確率関数 $P(x)$ は次の (1), (2) を満たします．

(1) $P(x_1) > 0, \quad P(x_2) > 0, \quad \dots, \quad P(x_n) > 0.$

(2) $P(x_1) + P(x_2) + \cdots + P(x_n) = 1.$

2.7 2 項分布

離散型確率分布の中でも特に重要な分布として 2 項分布があります．

例 2.12

1 枚の歪みのないコインを 2 回投げる試行を考えてみましょう．確率変数 X_1 を 1 投目に表が出たら 1, 裏が出たら 0 とします．次に，確率変数 X_2 を 2 投目に表が出たら 1, 裏が出たら 0 とします．さらに，コインを 2 回投げたときに表が出る回数を X とします．つまり，

$$X = X_1 + X_2$$

です．このとき X の確率分布はどうなるでしょうか？

(1) まずは $X = 0$ となる確率を考えてみましょう．$X = 0$ となるのは $X_1 = 0$ かつ $X_2 = 0$ のときだけです．また，$X_1 = 0$ となる確率は $\frac{1}{2}$, $X_2 = 0$ となる確率も $\frac{1}{2}$ です．このことから，$X = 0$ となる確率は $\frac{1}{2} \times \frac{1}{2} = \frac{1}{4}$ となります．式で書くと

$$\Pr(X = 0) = \Pr(X_1 = 0, X_2 = 0) = \Pr(X_1 = 0)\Pr(X_2 = 0) = \frac{1}{2} \times \frac{1}{2} = \frac{1}{4}$$

となります（表 2.4 参照）．

表 2.4 例 2.12 の X の確率分布

X_1 の値	0	0	1	1
X_2 の値	0	1	0	1
X の値	0	1	1	2
確率	$\frac{1}{4}$	$\frac{1}{4}$	$\frac{1}{4}$	$\frac{1}{4}$

(2) 次に $X = 1$ となる確率を考えてみましょう．$X = 1$ となるのは $X_1 = 1$ かつ $X_2 = 0$ のときか，または，$X_1 = 0$ かつ $X_2 = 1$ のときだけです．このことから，$X = 1$ となる確率は $\frac{1}{2} \times \frac{1}{2} + \frac{1}{2} \times \frac{1}{2} = \frac{1}{2}$ となります．式で書くと

$$\begin{aligned}\Pr(X = 1) &= \Pr(X_1 = 1, X_2 = 0) + \Pr(X_1 = 0, X_2 = 1) \\ &= \Pr(X_1 = 1)\Pr(X_2 = 0) + \Pr(X_1 = 0)\Pr(X_2 = 1)\end{aligned}$$

$$= \frac{1}{2} \times \frac{1}{2} + \frac{1}{2} \times \frac{1}{2} = \frac{1}{4} + \frac{1}{4} = \frac{1}{2}$$

となります．

(3) (1) と同様に考えて，$X = 2$ となる確率は

$$\Pr(X = 2) = \frac{1}{4}$$

となります．したがって，X の確率関数は

$$P(x) = \begin{cases} \frac{1}{4} & (x = 0, 2), \\ \frac{1}{2} & (x = 1) \end{cases}$$

となり，これらを表にまとめると表 2.5 のようになります．さらにグラフにすると図 2.9 が得られます． □

表 2.5　例 2.12 の確率分布

X の値	0	1	2	合計
確率	$\frac{1}{4}$	$\frac{1}{2}$	$\frac{1}{4}$	1

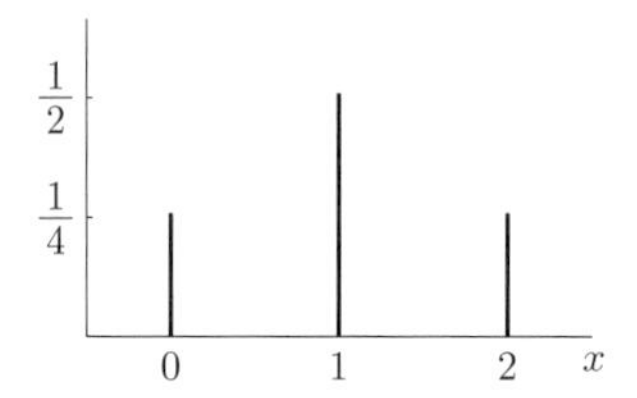

図 2.9　例 2.12 の確率分布のグラフ

例 2.12 を少し拡張してみましょう．表が出る確率が p, 裏が出る確率が $1-p$ のコインを繰り返し投げる試行を考えてみましょう．ただし，$0 < p < 1$ とします．確率変数 X_1 を 1 投目に表が出たら 1, 裏が出たら 0 とします．次に，確率変数 X_2 を 2 投目に表が出たら 1, 裏が出たら 0 とします．このことを順次繰り返し，X_i $(i = 1, 2, \ldots, n)$ を i 投目に表が出たら 1, 裏が出たら 0 となる確率変数とします．つまり，

$$\Pr(X_i = 1) = p, \quad \Pr(X_i = 0) = 1 - p$$

です．コインを n 回投げて，表が出る回数を X とすると，

$$X = X_1 + X_2 + \cdots + X_n$$

となります．このとき，X の確率関数 $P(x)$ $(x = 0, 1, \ldots, n)$ はどのようになるでしょうか．たとえば，コインを 4 回投げて，表が出る回数が 2 回のとき，つまり，$n = 4, x = 2$ のとき，表 2.6 のように 6 通りの組合せがあります．ここで，表 2.6 の組合せの総数は

$${}_4\mathrm{C}_2 = \frac{4!}{2!(4-2)!} = \frac{24}{2 \times 2} = 6$$

表 2.6　X_1, X_2, X_3, X_4 の組合せ

X_1 の値	1	1	1	0	0	0
X_2 の値	1	0	0	1	1	0
X_3 の値	0	1	0	1	0	1
X_4 の値	0	0	1	0	1	1

で与えられます[注 5]．また，表 2.6 のそれぞれの組合せには，1 が 2 回，0 が 2 回現れていることから，それぞれの組合せの起こる確率は $p^2(1-p)^2$ となります．このことから，$n=4$, $x=2$ のとき，

$$P(2) = {}_4\mathrm{C}_2\, p^2(1-p)^2$$

となります．一般の n, x のときでも考え方は同じです．n 個のうちの x 個が 1, $(n-x)$ 個が 0 となる組合せの総数は ${}_n\mathrm{C}_x$ となり，それぞれの組合せの起こる確率は $p^x(1-p)^{n-x}$ となることから，X の確率関数 $P(x)$ は

$$P(x) = {}_n\mathrm{C}_x\, p^x(1-p)^{n-x} \qquad (x = 0, 1, \ldots, n) \tag{2.6}$$

となります．(2.6) のような確率分布を **2 項分布**といい，$\mathrm{B}(n,p)$ と表します．また，このとき，X は 2 項分布 $\mathrm{B}(n,p)$ に従うといい，$X \sim \mathrm{B}(n,p)$ と表すことがあります．たとえば，例 2.12 では $X \sim \mathrm{B}\left(2, \frac{1}{2}\right)$ と表されます．表 2.7 と図 2.10 は $\mathrm{B}\left(10, \frac{1}{2}\right)$ の確率分布とそのグラフです．

表 2.7　2 項分布 $\mathrm{B}(10, \frac{1}{2})$ の確率分布

X の値	0	1	2	3	4	5	6	7	8	9	10	合計
確率	0.001	0.010	0.044	0.117	0.205	0.246	0.205	0.117	0.044	0.010	0.001	1

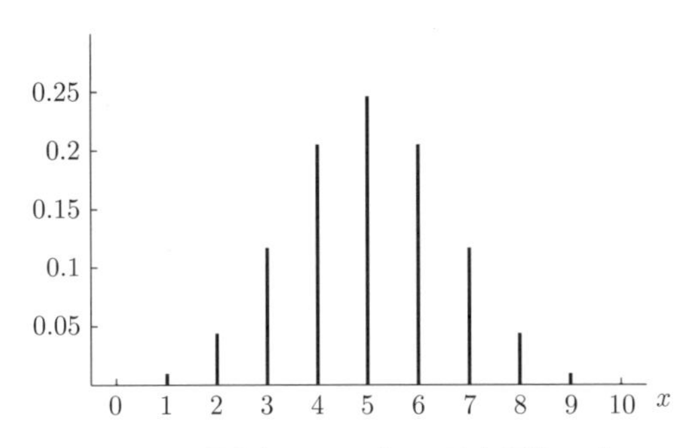

図 2.10　2 項分布 $\mathrm{B}(10, \frac{1}{2})$ の確率関数のグラフ

2 項分布に従う確率変数の例としては，次のようなものがあります．

注 5) ${}_n\mathrm{C}_x$ は相異なる n 個のものから x 個をとる組合せの総数であり，${}_n\mathrm{C}_x = \frac{n!}{x!(n-x)!}$ と計算されます．ここで，$n!$ ($n!$ は“エヌ階乗”と読みます) は $n! = n \times (n-1) \times (n-2) \times \cdots \times 3 \times 2 \times 1$, $0! = 1$ です．

- コイン投げ (表が出れば 1, 裏が出れば 0)
- 生まれてくる子の性別 (男であれば 1, 女であれば 0)
- 病気の罹患 (病気にかかっていれば 1, かかっていなければ 0)
- 薬の効果の有無 (薬の効果があれば 1, なければ 0)
- 生物の生死 (生きていれば 1, 死ねば 0)
- 意見の賛否 (賛成であれば 1, 反対であれば 0)
- 試合の勝ち負け (勝てば 1, 負ければ 0)

例 2.13

日本における男女の出生比率はおよそ 51 : 49 です．ある夫婦には 4 人の子供がいることがわかっています．X をこの夫婦の男児の数とし，男児が生まれる確率を 0.51 とすると，X は 2 項分布 $\mathrm{B}(4, 0.51)$ に従います．このとき，男児の数が 0 人である確率は，(2.6) から

$$\Pr(X = 0) = {}_4\mathrm{C}_0\, 0.51^0 (1 - 0.51)^{4-0} \fallingdotseq 0.058$$

となります．同様に男児の数が 1 人である確率は，

$$\Pr(X = 1) = {}_4\mathrm{C}_1\, 0.51^1 (1 - 0.51)^{4-1} \fallingdotseq 0.240$$

となります．以下同様にして，表 2.8 が得られます．さらにグラフにすると図 2.11 が得られます．表 2.8 の確率 0.058, 0.240, 0.375, 0.260, 0.068 は小数第 4 位を四捨五入した近似値で，これらの値の合計は必ずしも 1 とはなりません．実際，いまの場合，合計は 1.001 になります．しかし，厳密な値を用いた合計は 1 になります． □

表 2.8 生まれてくる 4 人の子供のうち男児の数 X の確率分布（例 **2.13**）

X の値	0	1	2	3	4	合計
確率	0.058	0.240	0.375	0.260	0.068	1

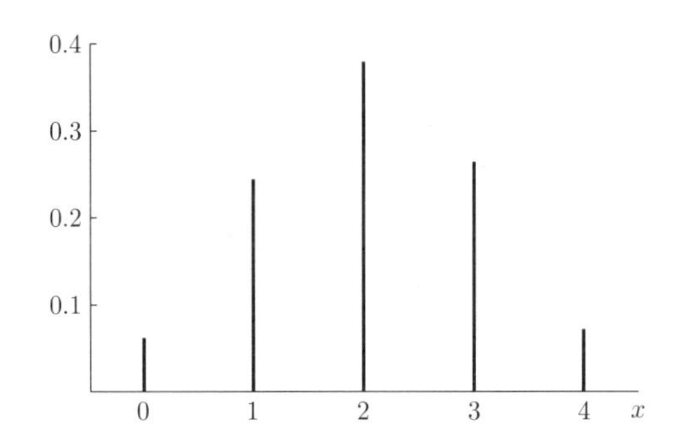

図 2.11 生まれてくる 4 人の子供のうち男児の数 X の確率分布（例 **2.13**）のグラフ

2.8 連続型確率分布

前節まではとびとびの値だけをとる確率変数，つまり，離散型確率変数について考えました．しかし，とびとびの値以外の値をとる確率変数もあります．例として，連続型データである身長を考えてみましょう．まず，身長が連続型データであることを説明します．ある学生の身長を測ったら，172.5 cm だったとしましょう．この学生の身長は本当に 172.5 cm でしょうか．もう少し詳しく測ったら，172.53 cm かもしれません．この 172.53 cm も本当の身長であるとはいえません．もっと詳しく測ったら，172.532 cm になるかもしれないからです．本当の身長は 172.532⋯ cm というような値をとる連続型データであり，とびとびの値をとる離散型データではありません．どれだけ詳しく測っても，この学生の本当の身長を知ることは出来ませんが，本当の身長は「172.45 cm 以上，172.55 cm 未満である」（もちろん，この区間は測定機器の精度，測定者の測り方によって違ってきます）というのは確からしいことです．身長が 172.5 cm の学生の本当の身長は 172.45 cm 以上 172.55 cm 未満と考えられ，連続型データは区間として考えなければなりません．その区間に対して確率を与えることになりますが，どのように与えればいいでしょうか．全国の大学の男子学生の身長 X (cm) を考えてみます．1000 人の男子学生をランダムに選び身長を測定した結果，表 2.9 の度数分布表が得られたとします．また，相対度数のヒストグラムが図 2.12 (i) です．階級の幅は 4 cm，各階級の長方形の面積が相対度数となっています．たとえば，表 2.9 の階級 175 ∼ 179 の相対度数 0.212 が図 2.12 (i) の斜線部分の面積になっていて，各階級の長方形の面積の総和は 1 となっています．図 2.12 (i) では，階級の幅は 4 cm でしたが，さらに，階級の幅を 2 cm, 1 cm に狭めて作成したヒストグラムが図 2.12 (ii), (iii) です．同じように階級 175 ∼ 179 の相対度数が斜線部分の面積と一致しています．さらに，階級の幅を狭めていき，データの個数を十分大きくすると，ヒストグラムはおよそ図 2.12 (iv) にある曲線に近づくことが予想されます．この曲線を $y = f(x)$ とします．そして，この曲線 $y = f(x)$ と x 軸，直線 $x = 175$, 直線 $x = 179$ によって囲まれた図形の面積を身長 X が 175 以上 179 未満である確率 $\Pr(175 \leq X < 179)$ と考えます．他の区間に対しても同様です．身長 X が a 以上 b 未満である確率 $\Pr(a \leq X < b)$ を $y = f(x)$

表 2.9 男子学生 1000 人の身長の度数分布表

階級	級中央値	度数	相対度数
155 ∼ 159	157	6	0.006
159 ∼ 163	161	34	0.034
163 ∼ 167	165	122	0.122
167 ∼ 171	169	251	0.251
171 ∼ 175	173	305	0.305
175 ∼ 179	177	212	0.212
179 ∼ 183	181	56	0.056
183 ∼ 187	185	14	0.014
計	–	1000	1

と x 軸，直線 $x=a$, 直線 $x=b$ によって囲まれた図形（図 2.13 の網かけ部分）の面積で与えることにします．

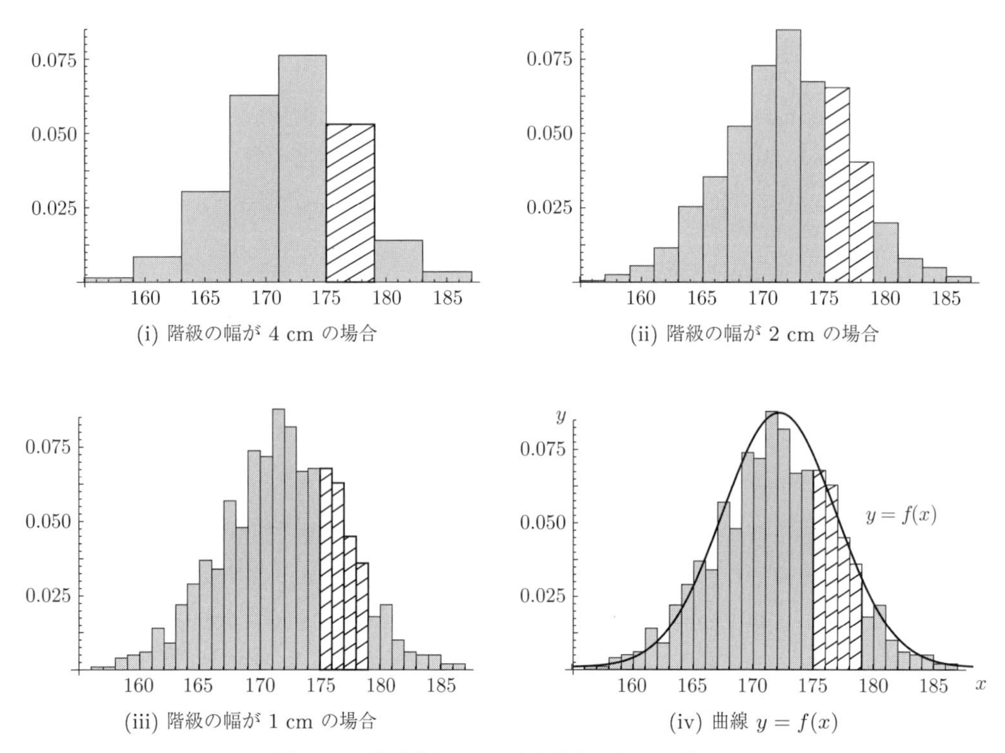

図 2.12　男子学生 1000 人の身長のヒストグラム

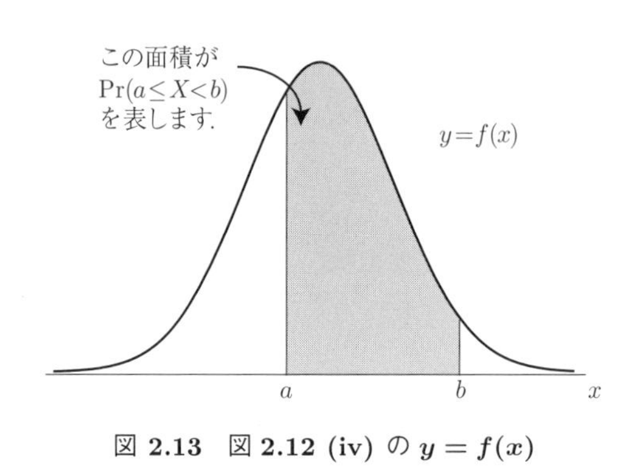

図 2.13　図 2.12 (iv) の $y=f(x)$

上記のように確率を与えることによって，連続型データを確率変数と考えることが出来ます．これを**連続型確率変数**といいます．X を連続型確率変数とすると，$a \le X < b$ となる確率 $\Pr(a \le X < b)$ は適当な関数 $f(x)$ を用いて，曲線 $y=f(x)$ と x 軸，直線 $x=a$, 直線 $x=b$

によって囲まれた図形の面積で与えられます．式で書くと

$$\Pr(a \leq X < b) = \int_a^b f(x)dx$$

です．このような関数 $f(x)$ を X の**確率密度関数**といいます．連続型確率変数が含まれる区間と確率をまとめて**連続型確率分布**，または単に**連続型分布**といい，確率変数 X はこの**確率分布に従う**といいます．連続型確率分布は確率密度関数によって決まります．

身長の例は連続型データでしたが，離散型データであっても，例 1.4 の商品の価格のように，そのとり得る値の個数が多くなるような場合には，本節で学ぶ連続型分布を用いて考えた方が都合がよいこともあります．

確率密度関数が満たす性質をまとめると次のようになります (図 2.14 参照)．

公式 2.6

連続型確率変数 X がとり得る値の範囲を区間 $[\alpha, \beta]$ [注6] とします．このとき，X の確率密度関数 $f(x)$ は次の (1), (2), (3) を満たします．

(1) すべての x に対して

$$f(x) \geq 0$$

となります．

(2) 曲線 $y = f(x)$ と x 軸，直線 $x = \alpha$, 直線 $x = \beta$ によって囲まれた図形の面積は 1 になります．式で書くと

$$\int_\alpha^\beta f(x)dx = 1$$

となります．

(3) $\alpha \leq a < b \leq \beta$ に対して，

$$\Pr(a \leq X < b) = \int_a^b f(x)dx$$

となります．

注意 2.1 X が連続型確率変数のとき，すべての a に対して，

$$\Pr(X = a) = 0$$

となります．これは，対応する面積が 0 であるからです．このことから

$$\Pr(a \leq X \leq b) = \Pr(a \leq X < b) = \Pr(a < X \leq b) = \Pr(a < X < b)$$

が成り立ちます．この節の始めの身長の例では，たとえば，$\Pr(X = 172.5) = 0$ となり，身長がちょうど 172.5 cm の学生はいないことになります．

注6) $(-\infty, \infty)$ であっても構いません．

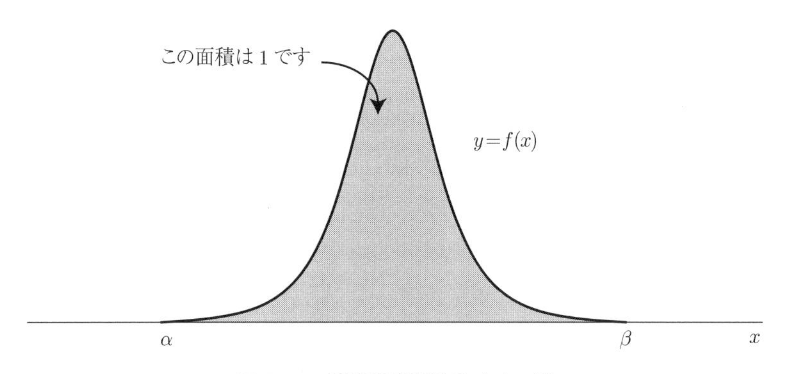

図 2.14 確率密度関数のイメージ

例 2.14

ある駅では3分ごとに電車が発車します．A君は電車の時刻表を確かめないで，ランダムに駅に向かいます．このとき，A君の電車の待ち時間 X（分）を考えてみましょう．ここでは，X は0以上3未満の値をとる連続データと考えることにします．このとき，待ち時間 X が0分以上1分未満となる確率はどうなるのでしょうか．A君は電車の時刻表を確かめないで，ランダムに駅に向かうことから，

$$\Pr(0 \leq X < 1) = \Pr(1 \leq X < 2) = \Pr(2 \leq X < 3)$$

となり，$\Pr(0 \leq X < 1) + \Pr(1 \leq X < 2) + \Pr(2 \leq X < 3) = 1$ より，

$$\Pr(0 \leq X < 1) = \frac{1}{3}$$

となります．また，

$$\Pr(0 \leq X < 2) = \Pr(0 \leq X < 1) + \Pr(1 \leq X < 2) = \frac{2}{3}$$

です．一般に，$0 \leq a < b < 3$ とすると，

$$\Pr(a \leq X < b) = \frac{b-a}{3} \tag{2.7}$$

となります．関数 $f(x)$ を

$$f(x) = \begin{cases} \dfrac{1}{3} & (0 \leq x < 3), \\ 0 & (\text{その他}) \end{cases}$$

とすると，

$$\Pr(a \leq X < b) = \int_a^b f(x)dx$$

と表され，X は連続型確率変数となることがわかります．また，$f(x)$ は X の確率密度関数と

なり，グラフは図 2.15 のようになります．(i) の長方形の面積が $\Pr(0 \leq X < 1) = \frac{1}{3}$ であり，(i) と (ii) をあわせた長方形の面積が $\Pr(0 \leq X < 2) = \frac{2}{3}$ です． □

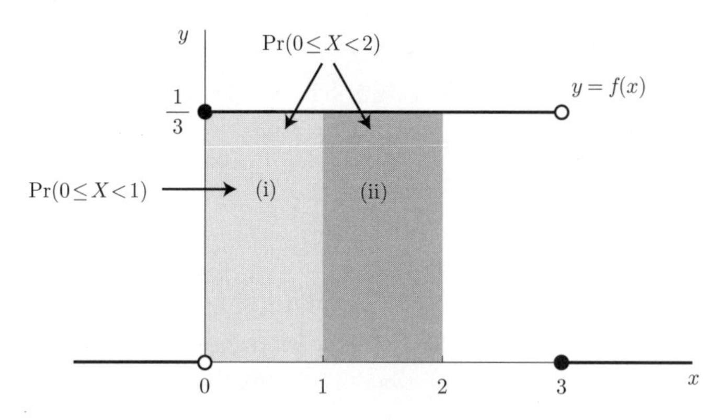

図 2.15　例 2.14 の確率密度関数のグラフ

一般に，連続型確率変数 X の確率密度関数が

$$f(x) = \begin{cases} \dfrac{1}{b-a} & (a \leq x \leq b), \\ 0 & (\text{その他}) \end{cases}$$

のとき，X の確率分布を $[a, b]$ 上の**一様分布**といい，$\mathrm{U}(a, b)$ と表します．図 2.16 は一様分布 $\mathrm{U}(a, b)$ の確率密度関数のグラフです．注意 2.1 より，x のとり得る値の範囲を $a < x < b$, $a \leq x < b$, $a < x \leq b$ と書いても構いませんが，本書では $a \leq x \leq b$ と書くことにします．例 2.14 の X は $[0, 3]$ 上の一様分布に従い，記号で表すと $X \sim \mathrm{U}(0, 3)$ となります．

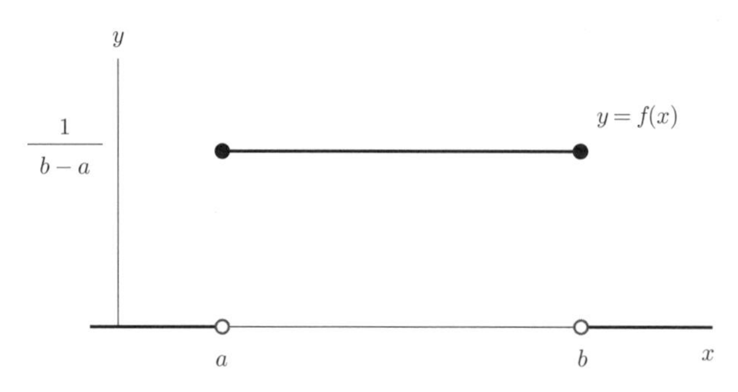

図 2.16　一様分布 $\mathbf{U}(a, b)$ の確率密度関数のグラフ

2.9 正規分布

いま，2 項分布 $\mathrm{B}(n, 0.3)$ に従う確率変数 X を考えてみます．図 2.17 は (i) $n = 10$, (ii) $n = 20$, (iii) $n = 30$, (iv) $n = 40$, (v) $n = 50$ と変化させたときの X の確率関数のグラフです．確率関数は本来棒グラフ（縦線）で描かれますが，ここでは横の長さが 1 の長方形で描いてあります．たとえば，確率 $\Pr(X = 5)$ に対する長方形の底辺は $x = 4.5$ から $x = 5.5$ までです．図 2.17 の (v) は (vi) の曲線 $y = f(x)$ とほぼ等しい様子がわかります．

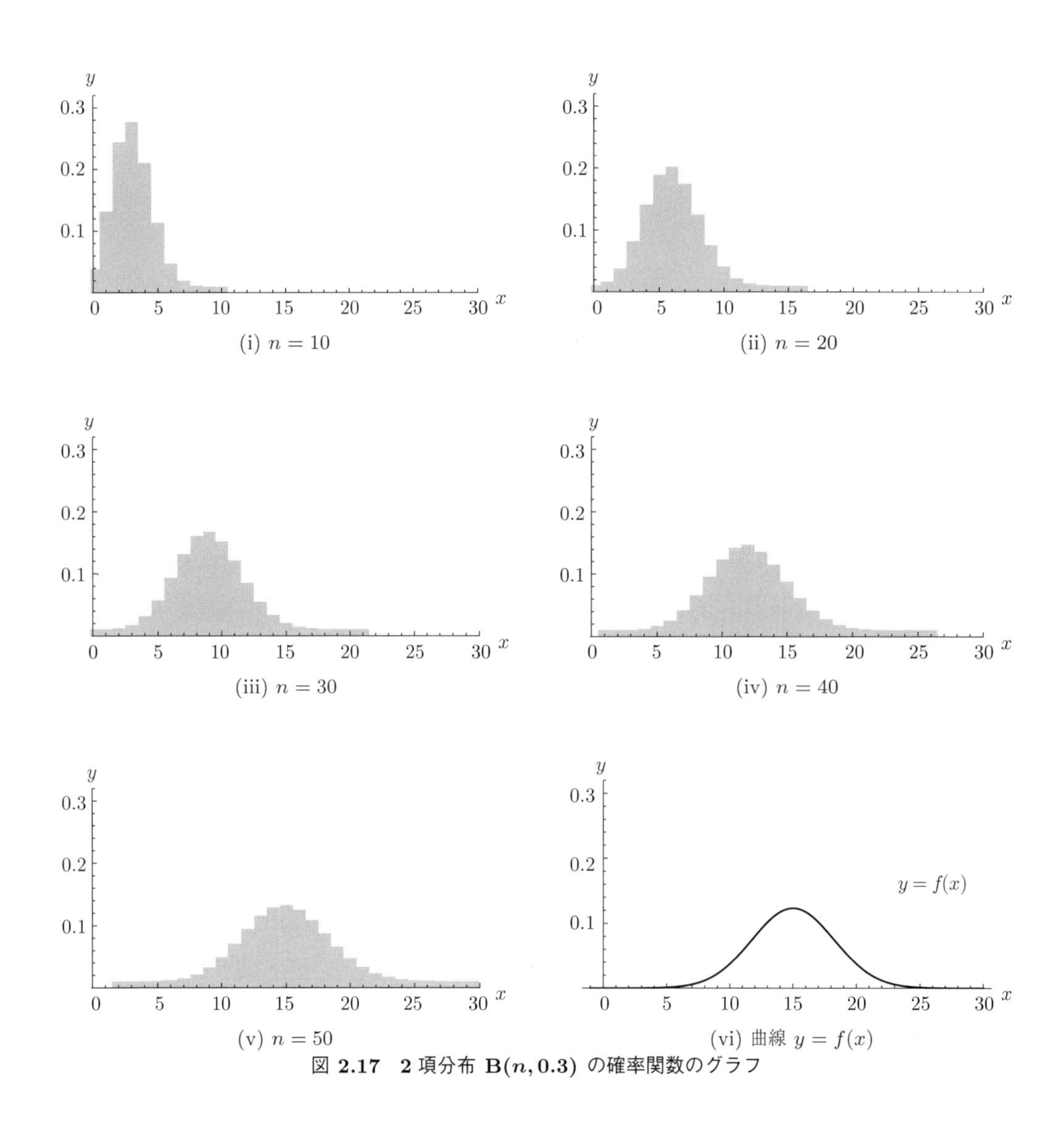

図 **2.17**　**2** 項分布 $\mathbf{B}(n, 0.3)$ の確率関数のグラフ

図 2.17 (vi) のような曲線 $y = f(x)$ を確率密度関数にもつ確率分布を**正規分布**といいます．

正規分布の確率密度関数を式で書くと

$$f(x) = \frac{1}{\sqrt{2\pi}\sigma} e^{-\frac{(x-\mu)^2}{2\sigma^2}} \quad (-\infty < x < \infty)$$

となります．ここで，$\pi = 3.14\cdots$ は円周率，$e = 2.71828\cdots$ は自然対数の底です．また，μ は実数全体を動くことが出来る定数，σ は正の実数全体を動くことが出来る定数です（μ, σ はそれぞれ"ミュー"，"シグマ"と読みます）．つまり，正規分布は2つの定数 μ と σ によって決まる分布です．正規分布は記号で $\mathrm{N}(\mu, \sigma^2)$ と表されます．本書では連続型確率変数の平均，分散については割愛しますが，正規分布 $\mathrm{N}(\mu, \sigma^2)$ に従う確率変数の平均は μ, 分散は σ^2 となることが示されます．このことから $\mathrm{N}(\mu, \sigma^2)$ は"平均が μ, 分散が σ^2 の正規分布"と呼ばれます．図2.18は $\mathrm{N}(\mu, \sigma^2)$ の確率密度関数のグラフです．

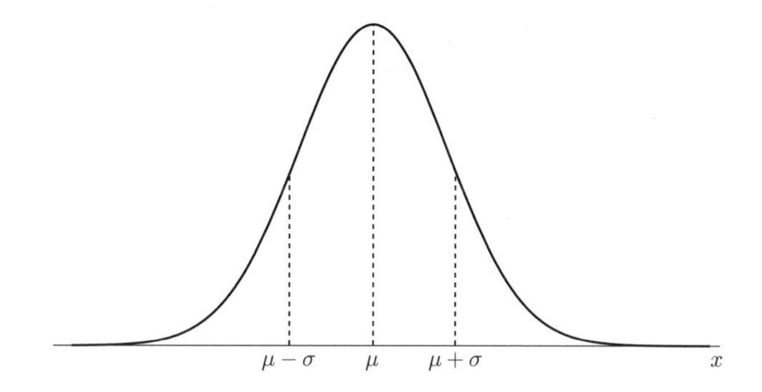

図 2.18　正規分布 $\mathbf{N}(\boldsymbol{\mu}, \boldsymbol{\sigma}^2)$ の確率密度関数のグラフ

正規分布の確率密度関数がもつ性質をまとめると次のようになります．

公式 2.7

正規分布 $\mathrm{N}(\mu, \sigma^2)$ の確率密度関数 $f(x)$ は次の性質 (1), (2), (3), (4) をもちます．

(1) すべての x に対して $f(x) > 0$ です．

(2) $f(x)$ は $x = \mu$ を中心とし，左右対称です．

(3) $f(x)$ は $x < \mu$ の部分では単調増加，$x > \mu$ の部分では単調減少です．

(4) 変曲点[注7)] の x 座標は $x = \mu \pm \sigma$ となります．

図2.19は μ, σ^2 を動かしたときの正規分布 $\mathrm{N}(\mu, \sigma^2)$ の確率密度関数のグラフです．$\mathrm{N}(\mu, 1)$ において μ を 0 から -1 に動かすと中心が 0 から -1 に動き，逆に μ を 0 から 1 に動かすと中心が 0 から 1 に動くことがわかります．また，$\mathrm{N}(0, \sigma^2)$ において σ を 1 から $\frac{1}{2}$ に小さくすると原点付近の高さが高くなり，確率分布のばらつきが小さくなります．逆に σ を 1 から 2 に大きくすると原点付近の高さが低くなり，確率分布のばらつきが大きくなります．

正規分布は次のような理由から統計学において中心的な役割を果たす確率分布です．

注7) 曲線 $y = f(x)$ の凹凸の状態がこの点を境に逆転します．

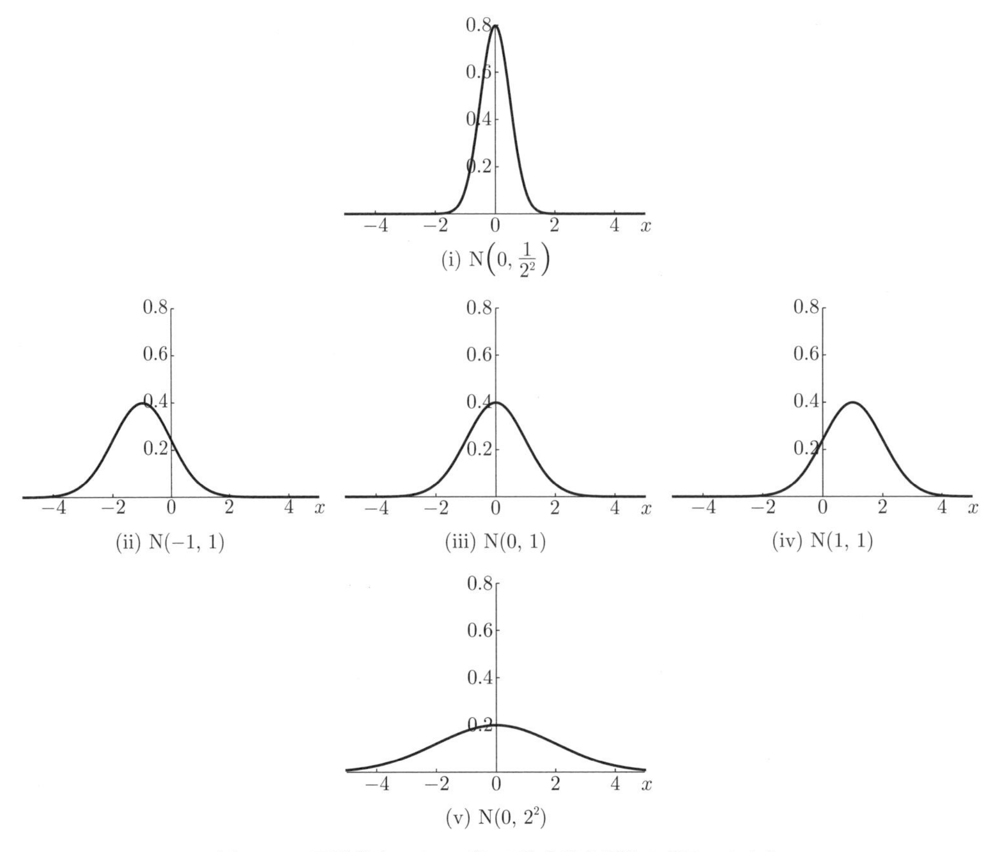

図 2.19　正規分布 $\mathbf{N}(\boldsymbol{\mu}, \boldsymbol{\sigma}^2)$ の確率密度関数のグラフの変化

(i) 測定を行ったときに生じる誤差や身長等は正規分布に従うと考えられています．

(ii) 2.12 節で述べる中心極限定理により確率変数の和はその個数が多ければ正規分布に近い分布に従います．

2.10 標準正規分布

前節では正規分布について述べました．本節では正規分布の中でも基準となる標準正規分布について考えます．例をみてみましょう．

例 2.15

いま，ランダムに選ばれたある製品の長さ (mm) を測ってみたところ，102 でした．この製品を製造する機械は長さが 100 になるように設定されていますが，すべての製品をぴったり 100 にすることは出来ません．実際には誤差 X が生じ，長さは $100 + X$ となります．X が正規分布 $\mathrm{N}(0, 1)$ に従うとき，$100 + X$ が 102 以上，つまり，X が 2 以上になる確率はどの程度でしょうか (図 2.20 参照)．　□

例 2.16

あるスナック菓子の内容量 (g) の表示には 100 とあります．このスナック菓子を包装する機械は 1 袋あたりの内容量が a になるように設定出来ますが，すべての袋をぴったり a にすることは出来ません．実際には誤差 X が生じ，1 袋あたりの内容量は $a+X$ となりますので，a は 100 より大きくする必要があります．X が正規分布 $\mathrm{N}(0,1)$ に従うとき，$a+X$ が 100 以上，つまり，X が $100-a$ 以上になる確率を 0.99 以上にするためには，a はいくらに設定すればよいでしょうか（図 2.21 参照）． □

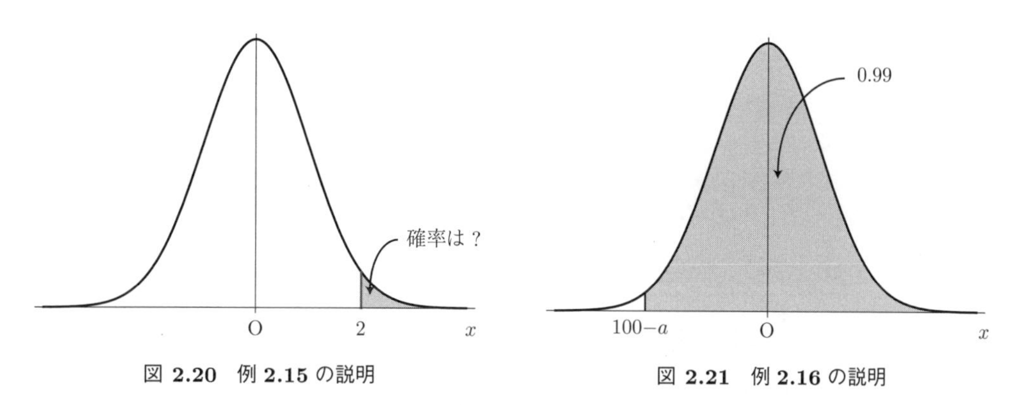

図 2.20 例 2.15 の説明

図 2.21 例 2.16 の説明

これらの例では平均 $\mu=0$, 分散 $\sigma^2=1$ となる正規分布 $\mathrm{N}(0,1)$ を考えています．正規分布 $\mathrm{N}(0,1)$ は正規分布の中でも基準となる分布であって，特に**標準正規分布**といわれています．標準正規分布の確率密度関数 $\phi(x)$ を式で書くと（ϕ は“ファイ”と読みます），

$$\phi(x)=\frac{1}{\sqrt{2\pi}}e^{-\frac{x^2}{2}} \quad (-\infty<x<\infty)$$

となります．本節では標準正規分布の基礎的事項について学びます．

公式 2.8

X を標準正規分布 $\mathrm{N}(0,1)$ に従う確率変数とします．このとき，次の (1), (2) が成り立ちます．

(1) すべての a に対して，

$$\Pr(X>a)+\Pr(X<a)=1 \tag{2.8}$$

となります（図 2.22 (i) 参照）．

(2) すべての b に対して，

$$\Pr(X<-b)=\Pr(X>b) \tag{2.9}$$

となります（図 2.22 (ii) 参照）．

特に，公式 2.8 で $a=b=0$ とすることにより，

$$\Pr(X<0)=\Pr(X>0)=\frac{1}{2}$$

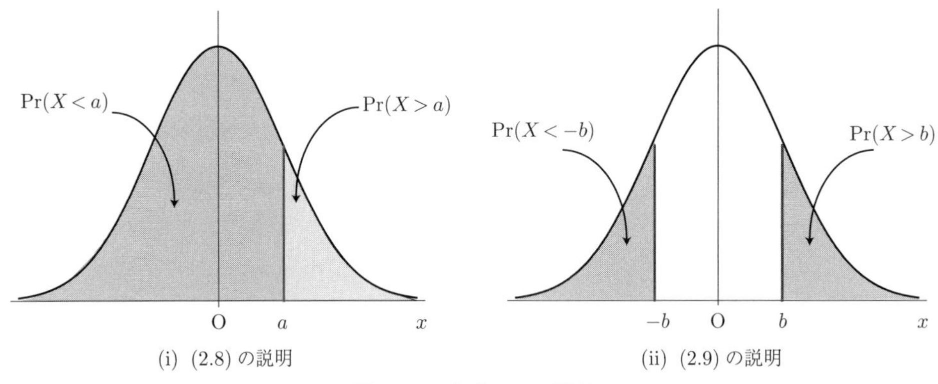

(i) (2.8) の説明　　(ii) (2.9) の説明

図 **2.22**　公式 **2.8** の説明

が成り立ちます．

注意 2.2 注意 2.1 より，公式 2.8 にある確率において "$<$" を "$\leq$" に，または，"$>$" を "$\geq$" に置き換えてもその確率の値は変わりません．

2.10.1　標準正規分布の上側確率

確率変数 X は標準正規分布 $\mathrm{N}(0,1)$ に従うとします．このとき，X が a 以上となる確率を $Q(a)$ と表し，**標準正規分布の上側確率**といいます．式で書くと

$$Q(a) = \Pr(X \geq a)$$

です [注8]．図 2.23 は標準正規分布の確率密度関数と上側確率 $Q(a)$ との関係です．

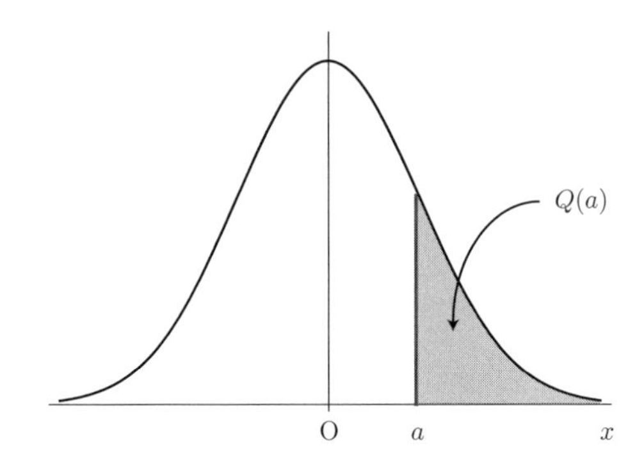

図 **2.23**　標準正規分布の上側確率 $\boldsymbol{Q(a)}$

上側確率 $Q(a)$ を求めるための**正規分布表**（数表 1）が巻末にあります．数表 1 には a の小数第 1 位までの値と小数第 2 位の値が交差した欄に $Q(a)$ の値が書かれています．たとえば，$Q(1.23)$ を求めてみましょう．$a = 1.23 = 1.2 + 0.03$ ですから，1.2 の行と 0.03 の列の交差した値が $Q(1.23)$ を表しています．つまり，$Q(1.23) = 0.1093$ になります (表 2.10 参照)．

[注8] 同様に標準正規分布の下側確率も考えられますが，公式 2.8 (1) によって，下側確率は 1 から上側確率を引いた値に等しくなることがわかります．

表 2.10 数表 1 の見方

a	$\cdots$ 0.03 $\cdots$
$\vdots$	$\vdots$
1.2	$\cdots$ 0.1093 $\cdots$
$\vdots$	$\vdots$

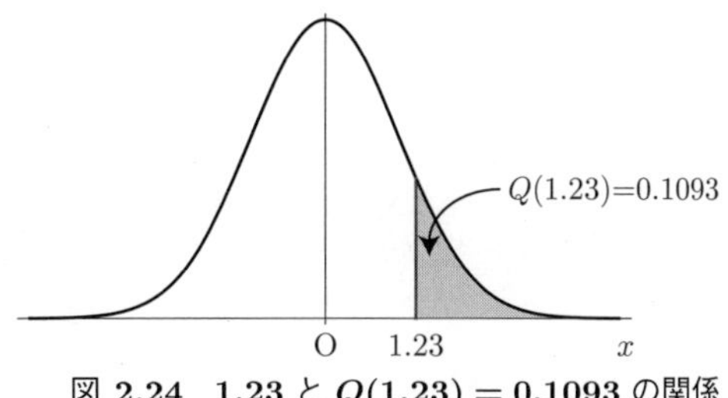

図 2.24 1.23 と $Q(1.23) = 0.1093$ の関係

X が標準正規分布 $\mathrm{N}(0,1)$ に従うとき，$\Pr(-1 \leq X \leq 1)$ を求めてみましょう．まず，公式 2.8 (1) から

$$\Pr(-1 \leq X \leq 1) = 1 - \{\Pr(X > 1) + \Pr(X < -1)\} \tag{2.10}$$

となります（図 2.25 参照）．

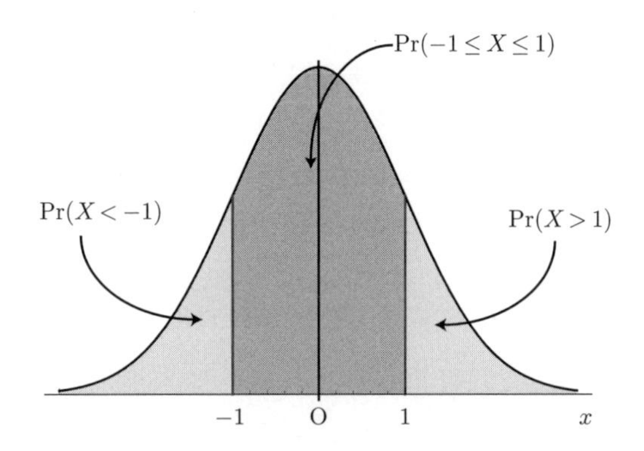

図 2.25 標準正規分布 $\mathrm{N}(0,1)$ の確率密度関数

ここで，公式 2.8 (2) から

$$\Pr(X < -1) = \Pr(X > 1) = Q(1)$$

となるので，(2.10) より

$$\Pr(-1 \leq X \leq 1) = 1 - 2 \times Q(1)$$

となります．さらに，数表 1 から

$$Q(1) = 0.1587$$

であるので

$$\Pr(-1 \leq X \leq 1) = 1 - 2 \times 0.1587 \fallingdotseq 0.683 \tag{2.11}$$

となります．同様にして表 2.11 が求められます．

表 2.11 $\mathbf{Pr}(-a \leq X \leq a)$ $(a = 1, 2, 3)$ の値

a	1	2	3
$\Pr(-a \leq X \leq a)$	0.683	0.955	0.997

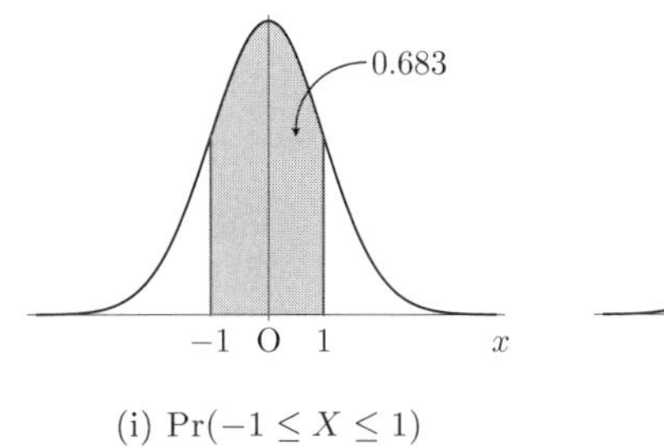

(i) $\Pr(-1 \leq X \leq 1)$

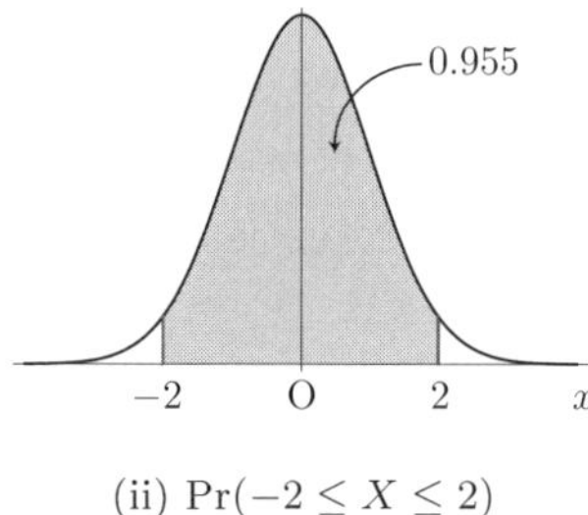

(ii) $\Pr(-2 \leq X \leq 2)$

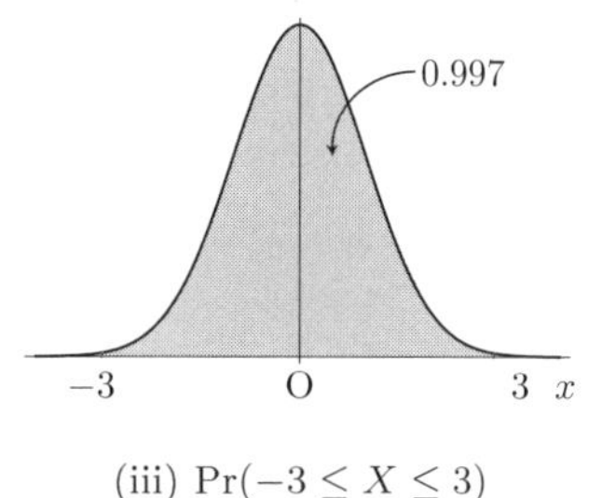

(iii) $\Pr(-3 \leq X \leq 3)$

図 **2.26** 表 **2.11** の説明

例 2.15 を考えてみましょう．$\Pr(X \geq 2) = Q(2) = 0.02275$ であるので，長さが 102 mm 以上である確率はおよそ 0.02 ということがわかります．

2.10.2 標準正規分布の上側 α 点

確率変数 X は標準正規分布 $\mathrm{N}(0, 1)$ に従うとします．このとき，$0 < \alpha < 1$ となる α に対して

$$\Pr(X \geq x) = \alpha$$

となる x を $z(\alpha)$ と表し，**標準正規分布の上側 α 点**といいます[注9]．図 2.27 は標準正規分布の確率密度関数と上側 α 点との関係です．

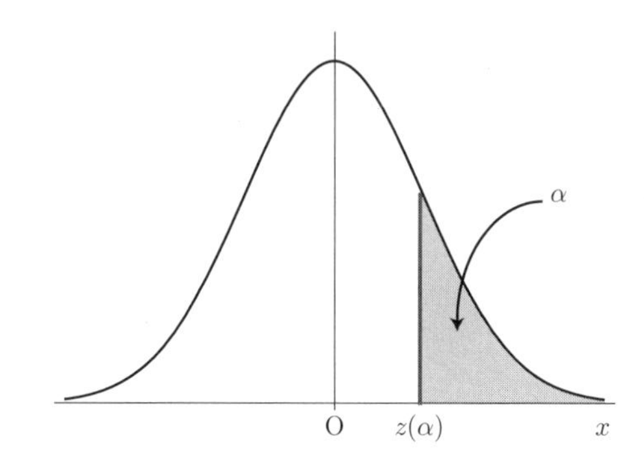

図 **2.27** 標準正規分布の上側 α 点 $z(\alpha)$

$0 < \alpha < 0.5$ となる α に対して上側 α 点 $z(\alpha)$ を求めるための正規分布表（数表 2）が巻末にあります．数表 2 には α の小数第 2 位までの値と小数第 3 位の値が交差した欄に $z(\alpha)$ の値が書

注 9) 同様に標準正規分布の下側 α 点も考えられますが，公式 2.8 (2) によって，下側 α 点は上側 α 点に -1 をかけた値に等しくなることがわかります．

かれています．たとえば，$z(0.025)$ を求めてみましょう．$\alpha = 0.025 = 0.02 + 0.005$ ですから，0.02 の行と 0.005 の列の交差した値が $z(0.025)$ を表しています．つまり，$z(0.025) = 1.9600$ になります (表 2.12 参照)．また，この関係を表した図が図 2.28 です．同様に主な α に対する標準正規分布の上側 α 点 $z(\alpha)$ を表 2.13 にまとめてあります．

表 2.12　数表 2 の見方

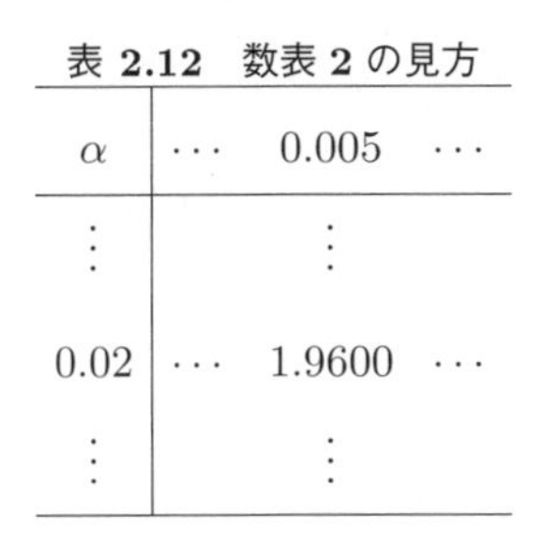

α	$\cdots$ 0.005 $\cdots$
$\vdots$	$\vdots$
0.02	$\cdots$ 1.9600 $\cdots$
$\vdots$	$\vdots$

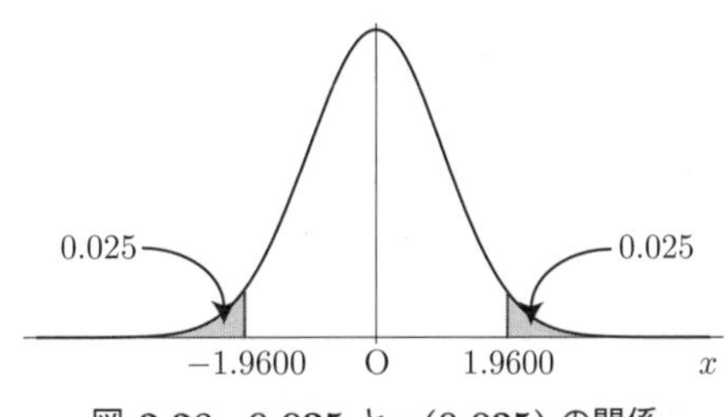

図 2.28　0.025 と $z(0.025)$ の関係

表 2.13　主な α に対する $z(\alpha)$ の値

α	0.005	0.010	0.025	0.050	0.100
$z(\alpha)$	2.5758	2.3263	1.9600	1.6449	1.2816

例 2.16 を考えてみましょう．まず，

$$\Pr(X \geq 100 - a) = 0.99 \tag{2.12}$$

となる a は $\Pr(X \geq 100 - a) \geq 0.99$ を満足するので，(2.12) となる a を求めればよいことがわかります．このためには $z(0.99)$ を求めればよいのですが，数表 2 には $z(0.99)$ が載っていません．ところが，これは，公式 2.8 より $\Pr(X \geq a - 100) = 0.01$ を考えればよいことがわかります（図 2.29 参照）．数表 2（または表 2.13）から $z(0.01) = 2.3263$ であるので，$a = 100 + 2.3263 = 102.3263$ となります．0.99 以上の確率であるので，ここでは a を 103 g とすればよいでしょう．

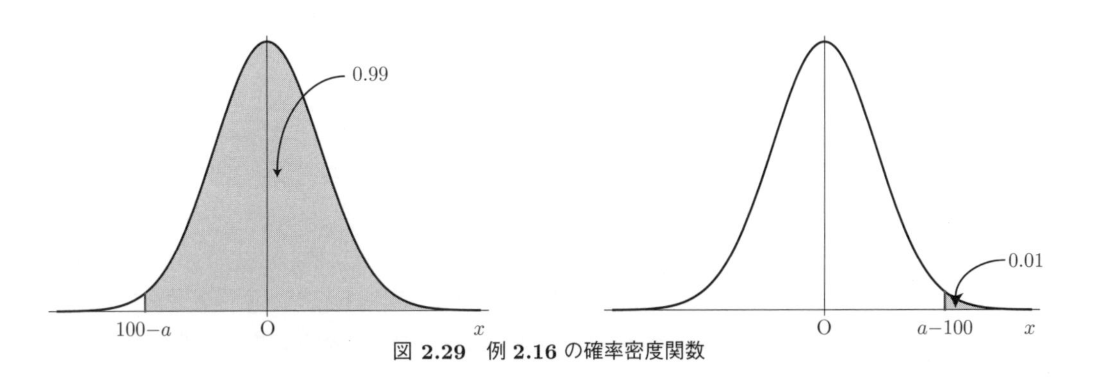

図 2.29　例 2.16 の確率密度関数

2.11 基準化

本節では一般の正規分布に関する問題を標準正規分布の問題へ帰着させる方法について考えます．例をみてみましょう．

例 2.17

日本人 18 歳男性の身長 X (cm) は正規分布 $\mathrm{N}(171, 5^2)$ に従っていると考えられています．また，18 歳男性は約 62 万人です．このとき，18 歳男性のうち 166 cm 以上 176 cm 以下のおよその人数はどのぐらいでしょうか（図 2.30 参照）． □

例 2.18

ある試験の点数 X（100 点満点）は正規分布 $\mathrm{N}(60, 10^2)$ に従っているとします．A 君は上位 5% に入りたかったのですが，何点とれていれば上位 5% に入っているでしょうか（図 2.31 参照）． □

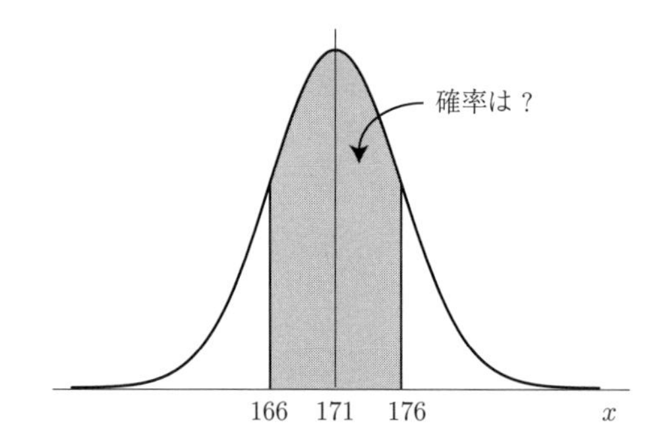

図 2.30 $\mathrm{N}(171, 5^2)$ の確率密度関数（例 2.17）

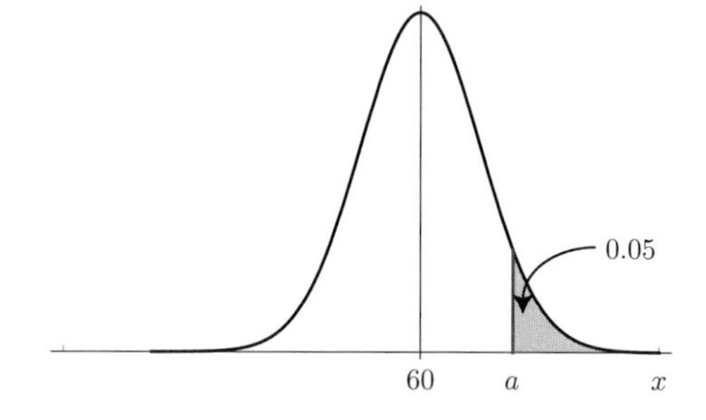

図 2.31 $\mathrm{N}(60, 10^2)$ の確率密度関数（例 2.18）

注意 2.3 正規分布に従う確率変数は負の値もとり得ます．しかし，例 2.17 での身長や，例 2.18 での点数は負の値をとりません．このように負の値をとらない身長や点数が正規分布に従っているということに違和感を感じる人もいるかもしれません．このことは正規分布に従う確率変数が十分小さい値，つまり，ここでは負の値をとる確率は極めて小さいということで説明されます．たとえば，例 2.17 で身長が負の人は計算によってほぼ 0 人であることが示されます．

例 2.17 では，$\Pr(166 \le X \le 176)$，つまり，図 2.30 の網かけ部分の図形の面積を求めて，これに全体の人数 62 万人を掛けることによって求めたい人数が求められます．しかし，今までの知識だけではこの確率を求めることは出来ません．例 2.18 では，$\Pr(X \ge a) = 0.05$ となる a を求める必要がありますが，これも今までの知識だけでは求めることが出来ません．本節ではこれらの問題を解決するために必要な基準化について学びます．次の公式をみてみましょう．

公式 2.9

確率変数 X が正規分布 $\mathrm{N}(\mu, \sigma^2)$ に従っているとき，

$$\frac{X-\mu}{\sigma} \tag{2.13}$$

は標準正規分布 $\mathrm{N}(0,1)$ に従います．(2.13) を X の**基準化**といいます．

例 2.17 について考えてみましょう．X が正規分布 $\mathrm{N}(171, 5^2)$ に従っているわけですから，公式 2.9 より，$Z = \frac{X-171}{5}$ は標準正規分布 $\mathrm{N}(0,1)$ に従うことがわかります．つまり，X が 166 以上 176 以下となる確率は

$$\Pr(166 \le X \le 176) = \Pr\left(\frac{166-171}{5} \le \frac{X-171}{5} \le \frac{176-171}{5}\right) = \Pr(-1 \le Z \le 1)$$

となります．この値は (2.11) より 0.683 となります．18 歳男性は約 62 万人ですから $620000 \times 0.683 = 423460$ より，18 歳男性のうち 166 cm 以上 176 cm 以下のおよその人数は 42 万人ということがわかります．

次に，例 2.18 について考えてみましょう．X が正規分布 $\mathrm{N}(60, 10^2)$ に従っているわけですから，公式 2.9 より，$Z = \frac{X-60}{10}$ は標準正規分布 $\mathrm{N}(0,1)$ に従うことがわかります．また，目標の点数の値を a とすると，$\Pr(X \ge a) = 0.05$ より

$$\Pr\left(Z \ge \frac{a-60}{10}\right) = 0.05$$

となります．よって

$$\frac{a-60}{10} = z(0.05) = 1.6449$$

を a について解くことにより，$a = 76.449$ となります．つまり，77 点以上とれていれば上位 5% に入っていることになります．

2.12 中心極限定理

図 2.17 をもう一度みてみましょう．これは n を大きくすると 2 項分布 $\mathrm{B}(n, p)$ は正規分布に近づいていることを意味します．これと同様なことは 2 項分布以外の分布に対しても適当な条件を満足すれば成り立つことが知られています．このことを**中心極限定理**といいます．一般の中心極限定理は難しいので，本節では 2 項分布に対する中心極限定理について紹介します．

例 2.19

歪みのないサイコロを 500 回投げるとき，1 の目が出る回数が 80 回以上 100 回以下となる確率はいくらぐらいでしょう？ □

例 2.20

日本における男女の出生比率はおよそ 51 : 49 です．いま，1 万人の子供が生まれたとすると，そのうち男児の総数は直観的には 5100 人程度と予想されます．それでは，男児の総数が 5050 人以上 5150 人以下である確率はどの程度でしょうか． □

例 2.19 の場合，確率変数 X を 1 の目が出る回数とすると，X は 2 項分布 $\mathrm{B}(n,p)$ に従うことがわかります．ここで，$n=500,\ p=\frac{1}{6}$ です．つまり，1 の目が出る回数が 80 回以上 100 回以下である確率は

$$\begin{aligned}\Pr(80 \leq X \leq 100) &= {}_{500}\mathrm{C}_{80}\left(\frac{1}{6}\right)^{80}\left(\frac{5}{6}\right)^{420} + {}_{500}\mathrm{C}_{81}\left(\frac{1}{6}\right)^{81}\left(\frac{5}{6}\right)^{419} \\ &\quad + \cdots + {}_{500}\mathrm{C}_{100}\left(\frac{1}{6}\right)^{100}\left(\frac{5}{6}\right)^{400} \qquad (2.14)\end{aligned}$$

となります．しかし，この値を実際に計算するのは大変です．

例 2.20 の場合，確率変数 X を生まれた男児の総数とすると，X は 2 項分布 $\mathrm{B}(n,p)$ に従うことがわかります．ここで，$n=10000,\ p=0.51$ です．つまり，男児の総数が 5050 人以上 5150 人以下である確率は，

$$\begin{aligned}\Pr(5050 \leq X \leq 5150) &= {}_{10000}\mathrm{C}_{5050}\ 0.51^{5050}\ 0.49^{4950} + {}_{10000}\mathrm{C}_{5051}\ 0.51^{5051}\ 0.49^{4949} \\ &\quad + \cdots + {}_{10000}\mathrm{C}_{5150} 0.51^{5150}\ 0.49^{4850} \qquad (2.15)\end{aligned}$$

となります．しかし，この値を実際に計算するのも，やはり大変です．

いま，例 2.19 と例 2.20 の確率関数のグラフを描いてみると図 2.32 と図 2.33 のようになります．ただし，図 2.17 と同じように，確率関数は幅が 1 の長方形で描いてあります．たとえば $\Pr(X=80)$ は底辺が 79.5 から 80.5 の長方形で描いています．2.9 節で学んだように，これらの確率関数は正規分布の確率密度関数で近似されます．つまり，1 の目が出る回数が 80 回以上 100 回以下となるおよその確率や，男児の総数が 5050 人以上 5150 人以下であるおよその確率は数表 1 を用いて求めることが出来るのです．

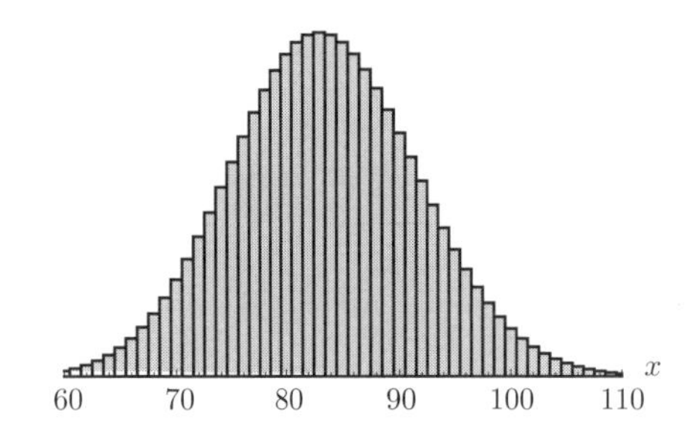

図 2.32 2 項分布 $\mathbf{B}(500, \frac{1}{6})$ の確率関数のグラフ（例 2.19）

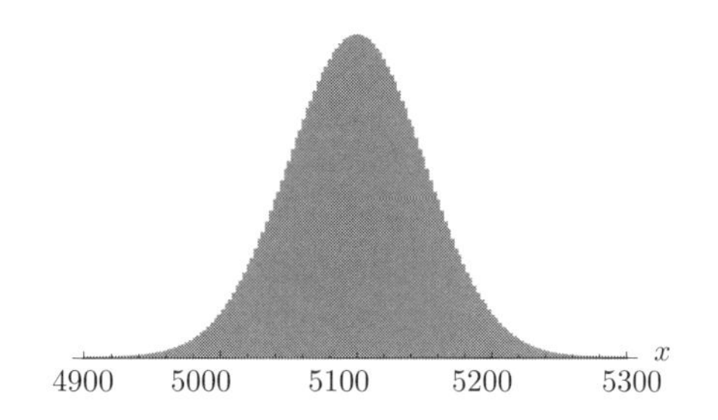

図 2.33 2 項分布 B(10000, 0.51) の確率関数のグラフ（例 2.20）

公式 2.10 (中心極限定理)

確率変数 X は2項分布 $\mathrm{B}(n,p)$ に従っているとします．このとき，n が十分大きいならば，確率変数 X は近似的に正規分布 $\mathrm{N}(np, np(1-p))$ に従います．つまり，

$$\frac{X-np}{\sqrt{np(1-p)}}$$

は近似的に標準正規分布 $\mathrm{N}(0,1)$ に従います．

注意 2.4 公式 2.10 の「X は近似的に正規分布に従う」という意味は2項分布のおよその確率が正規分布の確率で求められることを表しています．このことを2項分布の**正規近似**といいます．

公式 2.10 では“n が十分大きいならば”という条件がありました．この十分大きいとはどの程度でしょうか？実は正規近似の精度は，確率変数の個数 n の大きさと同時に，正規近似を適用する分布の対称性に大きく依存することが知られています．特に，公式 2.10 の設定で，実用上適用可能な精度の近似を与える条件として

$$np \geq 5 \quad \text{かつ} \quad n(1-p) \geq 5 \tag{2.16}$$

が知られています．たとえば $p=0.5$ であれば $n \geq 10$ で実用上適用可能になります．

例 2.19 を考えてみましょう．この場合，(2.16) を確認してみると，

$$np = 500 \times \frac{1}{6} = 83.3\cdots \geq 5, \quad n(1-p) = 500 \times \frac{5}{6} = 416.6\cdots \geq 5$$

となるので，正規近似は十分使えます．また，公式 2.10 より

$$Z = \frac{X - 500 \times \frac{1}{6}}{\sqrt{500 \times \frac{1}{6} \times \frac{5}{6}}}$$

は近似的に標準正規分布 $\mathrm{N}(0,1)$ に従うことがわかります．実際に確率を計算する際には，図 2.17, 図 2.32 と同じように，

$$\Pr(80 \leq X \leq 100) = \Pr(80-0.5 \leq X \leq 100+0.5)$$

とします．このように 0.5 を加減することを**連続修正**といいます．図 2.34 は2項分布 $\mathrm{B}\left(500, \frac{1}{6}\right)$ の確率関数（太線）と正規分布 $\mathrm{N}\left(500 \times \frac{1}{6}, 500 \times \frac{1}{6} \times \frac{5}{6}\right)$ の確率密度関数（曲線）です．これらのことから

$$\Pr(80 \leq X \leq 100) = \Pr(80-0.5 \leq X \leq 100+0.5)$$

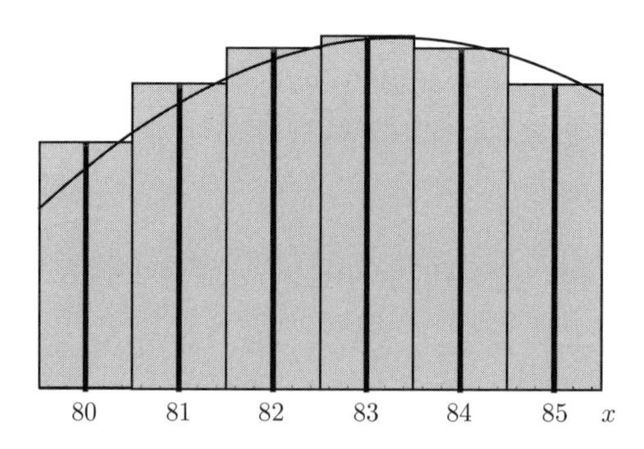

図 **2.34** 確率関数と確率密度関数のグラフ（例 **2.19**）

$$= \Pr\left(\frac{80-0.5-500\times\frac{1}{6}}{\sqrt{500\times\frac{1}{6}\times\frac{5}{6}}} \le \frac{X-500\times\frac{1}{6}}{\sqrt{500\times\frac{1}{6}\times\frac{5}{6}}} \le \frac{100+0.5-500\times\frac{1}{6}}{\sqrt{500\times\frac{1}{6}\times\frac{5}{6}}}\right)$$
$$= \Pr(-0.46 \le Z \le 2.06) = Q(-0.46) - Q(2.06) \tag{2.17}$$

となります．ここで公式 2.8 (1), (2) から

$$Q(-0.46) = 1 - Q(0.46)$$

であるので，(2.17) より

$$\Pr(80 \le X \le 100) = 1 - Q(0.46) - Q(2.06) = 0.6575 \tag{2.18}$$

となります．つまり，1 の目が出る回数が 80 回以上 100 回以下となる確率は 0.66 程度ということが出来ます．ちなみに，(2.14) の右辺を計算ソフトを用いて直接計算すると

$$\Pr(80 \le X \le 100) = 0.6518\cdots \tag{2.19}$$

となります．(2.18) と (2.19) を比べてみると，小数第 2 位まで一致していることがわかります．では，次の 3 つの確率はどのように求めるのでしょうか．

$$\text{(i) } \Pr(100 \le X), \quad \text{(ii) } \Pr(X \le 100), \quad \text{(iii) } \Pr(X = 100).$$

(i) では

$$\Pr(100 \le X) = \Pr(100-0.5 \le X) = \Pr\left(\frac{100-0.5-500\times\frac{1}{6}}{\sqrt{500\times\frac{1}{6}\times\frac{5}{6}}} \le \frac{X-500\times\frac{1}{6}}{\sqrt{500\times\frac{1}{6}\times\frac{5}{6}}}\right)$$
$$= \Pr(1.94 \le Z) = Q(1.94) = 0.02619$$

となります．(ii) では

$$\Pr(X \le 100) = \Pr(X \le 100+0.5) = \Pr\left(\frac{X-500\times\frac{1}{6}}{\sqrt{500\times\frac{1}{6}\times\frac{5}{6}}} \le \frac{100+0.5-500\times\frac{1}{6}}{\sqrt{500\times\frac{1}{6}\times\frac{5}{6}}}\right)$$

$$= \Pr(Z \leq 2.06) = 1 - \Pr(Z > 2.06) = 1 - Q(2.06) = 0.9803$$

となります．最後に (iii) は

$$\begin{aligned}
\Pr(X = 100) &= \Pr(100 - 0.5 \leq X \leq 100 + 0.5) \\
&= \Pr\left(\frac{100 - 0.5 - 500 \times \frac{1}{6}}{\sqrt{500 \times \frac{1}{6} \times \frac{5}{6}}} \leq \frac{X - 500 \times \frac{1}{6}}{\sqrt{500 \times \frac{1}{6} \times \frac{5}{6}}} \leq \frac{100 + 0.5 - 500 \times \frac{1}{6}}{\sqrt{500 \times \frac{1}{6} \times \frac{5}{6}}}\right) \\
&= \Pr(1.94 \leq Z \leq 2.06) = Q(1.94) - Q(2.06) = 0.00649
\end{aligned}$$

となります．X のとり得る値は $0, 1, \ldots, 500$ ですが，$\Pr(100 \leq X)$, $\Pr(X \leq 100)$ を正規近似で求める場合には，それぞれ $\Pr(100 \leq X \leq 500)$, $\Pr(0 \leq X \leq 100)$ としないことに注意してください．

次に，例 2.20 を考えてみましょう．この場合も (2.16) を確認してみると

$$np = 10000 \times 0.51 = 5100 \geq 5, \quad n(1-p) = 10000 \times 0.49 = 4900 \geq 5$$

となるので，正規近似は十分使えます．また，公式 2.10 より

$$Z = \frac{X - 10000 \times 0.51}{\sqrt{10000 \times 0.51 \times 0.49}}$$

は近似的に標準正規分布 $\mathrm{N}(0,1)$ に従います．このことから

$$\begin{aligned}
&\Pr(5050 \leq X \leq 5150) = \Pr(5050 - 0.5 \leq X \leq 5150 + 0.5) \\
&= \Pr\left(\frac{5050 - 0.5 - 10000 \times 0.51}{\sqrt{10000 \times 0.51 \times 0.49}} \leq \frac{X - 10000 \times 0.51}{\sqrt{10000 \times 0.51 \times 0.49}}\right. \\
&\qquad\qquad \left. \leq \frac{5150 + 0.5 - 10000 \times 0.51}{\sqrt{10000 \times 0.51 \times 0.49}}\right) \\
&\fallingdotseq \Pr(-1.01 \leq Z \leq 1.01) = Q(-1.01) - Q(1.01) \\
&= 1 - Q(1.01) - Q(1.01) = 0.6876
\end{aligned} \tag{2.20}$$

となります．つまり，男児の総数が 5050 人以上 5150 人以下である確率はおよそ 0.69 程度であるといえます．ここでも，(2.15) の右辺を計算ソフトを用いて直接計算すると

$$\Pr(5050 \leq X \leq 5150) = 0.6876 \cdots \tag{2.21}$$

となります．(2.20) と (2.21) を比べてみると，正規近似は極めてよい近似値を与えていることがわかります．

2.13 母集団と標本

第1章では，与えられた標本をどのように整理するか，また，標本平均，標本分散や不偏分散等の代表値を用いて，標本の中心的位置やばらつきのような特徴を見出すことを考えました．この節では，標本と確率変数，確率分布の関係について考えます．

いま，日本の首相の支持率を知りたいとします．有権者全員に支持するかどうかを調査すれば，支持率が求められますが，時間，費用がかかり，実際的ではありません．そこで，有権者全体から1000人を選んで調査することにします．有権者全体のような調査対象の全体を**母集団**といいます．一般に，母集団の大きさは非常に大きいので，母集団での支持率は求めることは出来ません．一方，選ばれた1000人の有権者のような母集団の一部を**標本**といい，標本での支持率は求めることが出来ます．母集団から標本を選ぶとき，偏った有権者だけを選んではいけません．母集団の様子をうまく反映するために，どの有権者も同等に選ばれる必要があります．つまり，母集団のどの有権者も等しい確率で選ぶことになります．このような標本の選び方を**無作為抽出法**といい，選ばれた標本を**無作為標本**といいます（図2.35参照）．

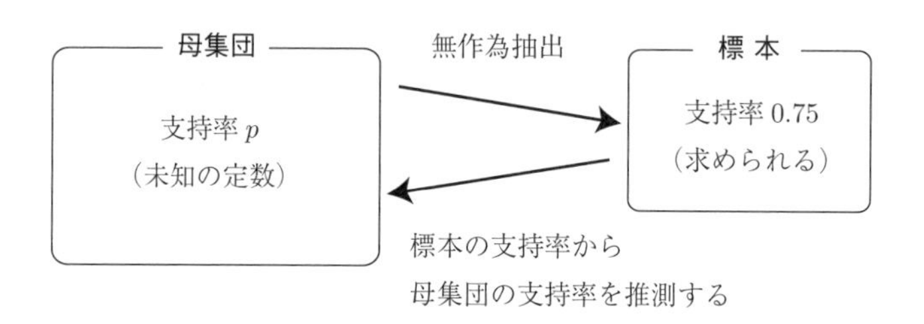

図 2.35　母集団と標本（2項母集団）

支持率の例に話を戻しましょう．母集団での支持率を p とし，標本での支持率を75%とすると，p は0.75ぐらいと推測することになります．1000人の支持率調査をもう4回行ったとしましょう．5回の標本での支持率が

$$75\%,\quad 72\%,\quad 68\%,\quad 73\%,\quad 80\%$$

であったとしましょう．母集団の支持率 p は未知の定数ですが，標本での支持率は変数であり，確率変数であると考えられます．その確率変数の値（この値を**実現値**といいます）が0.75, 0.72, 0.68, 0.73, 0.80です．標本での支持率0.75が確率変数の実現値であると考えられる理由を説明しましょう．支持することを1, 支持しないことを0と表し，1回目の支持率調査の結果が

$$1,\quad 0,\quad 0,\quad 1,\quad \ldots,\quad 0,\quad 1,\quad 1,\quad 0$$

（1の個数が750, 0の個数が250）であったとします．最初の有権者は1であるので，支持する有権者が選ばれたことになりますが，どの有権者も等しい確率で選ばれることから，最初の有権者の1は

$$\Pr(X=1)=p, \quad \Pr(X=0)=1-p$$

となる確率変数 X（2 項分布 $\mathrm{B}(1,p)$ に従う）の実現値と考えられます．2 人目から 1000 人目の調査結果も 2 項分布 $\mathrm{B}(1,p)$ に従う確率変数の実現値と考えられることから[注 10)]，標本での支持率

$$\frac{\text{支持する有権者の人数}}{1000}=0.75$$

も確率変数の実現値と考えられます（表 2.14 参照）．

表 2.14 無作為標本と実現値

無作為標本	X_1	X_2	X_3	X_4	$\cdots$	X_{997}	X_{998}	X_{999}	X_{1000}	$\bar{X}$
実現値	1	0	0	1	$\cdots$	0	1	1	0	0.75

母集団からの無作為標本

$$X_1, \quad X_2, \quad \ldots, \quad X_{1000} \tag{2.22}$$

を 2 項分布 $\mathrm{B}(1,p)$ に従う確率変数とするとき，標本での支持率は (2.22) の標本平均

$$\bar{X}=\frac{X_1+X_2+\cdots+X_{1000}}{1000}$$

と表され，その実現値から p の推測を行います．実際には，1 回の支持率調査の実現値から p を推測することになりますが，(2.22) は確率変数であることより，標本での支持率 $\bar{X}$ も確率変数となり，どのようにばらつくかが予測することが出来ます．このことについては，第 3 章以降でみられます．標本から得ることのできる確率的に変動する $\bar{X}$ のような量を**統計量**と呼びます．また，2 項分布 $\mathrm{B}(1,p)$ のように母集団に想定される確率分布を**母集団分布**といい，母集団での比率（図 2.35 では支持率）p を**母比率**といいます．

上の支持率調査のように，母集団から標本を抽出して，調査する方法を**標本調査法**といい，母集団全体を調査する方法を**全数調査法**といいます．全数調査法は実際的ではないと述べましたが，5 年に 1 度行われる国勢調査は全数調査です．一方，ある製品の耐久力試験では，すべての製品に試験を行った場合，試験後にはまともな製品は一つも残らないことになり，この場合には全数調査法は不可能です．

例 2.21

子供の学力状況を把握するため，文部科学省は 2007 年に全国学力・学習状況調査を行いました．これは基本的に小学 6 年生と中学 3 年生全員を対象とした全数調査を前提としたものでしたが，諸々の理由で一部の小学生，中学生が受験しませんでした．全数調査では予算がかかりすぎるので，2010 年は基本的に標本調査に変更となりました． □

注 10) このように 1000 人を選ぶ方法は非復元抽出法ですが，母集団の大きさが非常に大きい場合には，非復元抽出法を復元抽出法と考えても差し支えありません．

20 歳の日本人男性の身長の平均と分散を知りたい場合も標本調査になります．この場合の母集団は 20 歳の日本人男性の全体であり，母集団分布に正規分布 $\mathrm{N}(\mu, \sigma^2)$ が想定されます．母集団からの無作為標本を用いて，標本平均，不偏分散から母集団の平均 μ, 分散 σ^2（これらを**母平均**，**母分散**といいます）を推測することになりますが，これも支持率の例と同じ構図です（図 2.36 参照）．

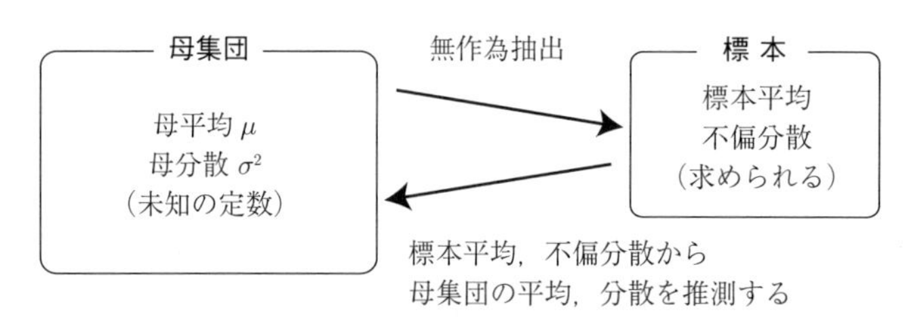

図 2.36　母集団と標本（正規母集団）

第 3 章以降では，標本がどのように与えられるかを考え，母集団分布を想定し，標本を母集団からの無作為標本の実現値と捉えることによって，母集団に関する推測を行います．このような考え方が第 3 章の推定，第 4 章の検定等でみられる結果の基礎となっています．なお，母比率，母平均，母分散のように母集団分布を特徴づける特性値を総称して**母数**といいます．また，母集団分布が 2 項分布の母集団を **2 項母集団**といい，母集団分布が正規分布の母集団を**正規母集団**といいます．

章末問題 2

問題 2.1 例 2.1 と同じ箱があり，A, B, C の 3 人がこの順番にくじを引き，引いたくじは箱の中に戻さないとします．このとき，次の確率を求めなさい．

(1) A, B の両方が当たりくじを引いたという条件のもとで，C が当たりくじを引く条件付き確率

(2) C が当たりくじを引く確率

問題 2.2 コインを 2 回投げます．このコインの表の出る確率は $\frac{1}{2}$，裏の出る確率は $\frac{1}{2}$ です．このとき，少なくとも一方が表であったという条件のもとで，他方が裏である条件付き確率を求めなさい．

問題 2.3 A, B の箱があり，A には赤球が 2 つと白球が 1 つ，B には赤球が 1 つと白球が 3 つ入っています．いま，1 つの箱をランダムに選び，1 つの球をランダムに取り出したところ，赤球でした．このとき，選んだ箱が A である確率を求めなさい．

問題 2.4 例 2.8 の 3 囚人の問題において，

$$\Pr(A_1) = \frac{1}{4}, \quad \Pr(A_2) = \frac{1}{4}, \quad \Pr(A_3) = \frac{1}{2}$$

とします．囚人 S_1 が看守に「他の 2 人のうちどちらが保釈されないか」を尋ねたところ，看守は「S_3 は保釈されない」と答えました．ただし，この看守の答えるルールは例 2.8 と同じです．看守がこのように答えたという状況で，S_1 が保釈される確率を求めなさい．

問題 2.5 ある打者の打率（ヒットを打つ確率）は $\frac{1}{3}$ です．この打者が 5 回打席に立ったときにヒットを打つ回数を X とします．ただし，打席に立ったときの結果はヒットを打つか打たないかの 2 通りしかないものとします．このとき，以下の問いに答えなさい．

(1) $x = 0, 1, \ldots, 5$ に対して X の確率関数 $P(x)$ の値を求めなさい．

(2) X の確率関数のグラフを描きなさい．

(3) $X \geq 4$ となる確率を求めなさい．

問題 2.6 確率変数 X が一様分布 $\mathrm{U}\left(-\frac{1}{2}, \frac{1}{2}\right)$ に従っているとします．このとき，以下の問いに答えなさい．

(1) $\mathrm{U}\left(-\frac{1}{2}, \frac{1}{2}\right)$ の確率密度関数のグラフを描きなさい．

(2) 確率 $\Pr\left(0 \leq X < \frac{1}{2}\right)$ を求めなさい．

(3) 確率 $\Pr\left(-\frac{1}{3} \leq X < \frac{1}{3}\right)$ を求めなさい．

(4) 確率 $\Pr\left(X \geq \frac{1}{4}\right)$ を求めなさい．

問題 2.7 日本人 18 歳女性の身長 X (cm) は正規分布 $\mathrm{N}(158, 5^2)$ に従っていると考えられています．このとき，以下の問いに答えなさい．

(1) 確率変数 X を基準化しなさい．

(2) 標準正規分布 $\mathrm{N}(0,1)$ の確率密度関数 $\phi(x)$ について，7 つの点 $(x, \phi(x))$ $(x = 0, \pm1, \pm2, \pm3)$ をプロットすることによって，$y = \phi(x)$ のグラフの概形を描きなさい．ただし，

$$\frac{1}{\sqrt{2\pi}} \fallingdotseq 0.40, \quad e^{-\frac{1}{2}} \fallingdotseq 0.61, \quad e^{-2} \fallingdotseq 0.14, \quad e^{-\frac{9}{2}} \fallingdotseq 0.01$$

を用いなさい．

(3) 正規分布 $\mathrm{N}(158, 5^2)$ の確率密度関数を $f(x)$ とします．7つの点 $(x, f(x))$ $(x = 158, 158 \pm 5, 158 \pm 10, 158 \pm 15)$ をプロットすることによって，$y = f(x)$ のグラフの概形を描きなさい．

(4) 身長が 163 cm の A さんは 18 歳女性全体の中で上位何 % に位置しているでしょうか．

(5) 各自の身長は 18 歳男性全体，または 18 歳女性全体の中で上位何 % に位置しているか調べなさい．ただし，18 歳男性の身長は正規分布 $\mathrm{N}(171, 5^2)$ に従っていると考えられています．

問題 2.8 I 選手の打率は $\frac{1}{3}$ とします．また，I 選手は年間 648 回打席に立つとします．このとき，打ったヒットの本数を X とします．ただし，打席に立ったときの結果はヒットを打つか打たないかの 2 通りしかないものとします．このとき，以下の問いに答えなさい．

(1) X が従う確率分布を求めなさい．

(2) X の確率関数を求めなさい．

(3) I 選手が年間 200 本以上ヒットを打つ確率を正規近似を用いて求めなさい．

問題 2.9 ある意見に対する F 県での賛成者の割合 p がどの程度かを知りたいとします．そこで，F 県の住民からランダムに 150 人を選んで，賛成かどうかを調査しました．このとき，以下の問いに答えなさい．

(1) 母集団は何か答えなさい．

(2) 標本は何か答えなさい．

(3) 母集団分布は何か答えなさい．

第3章 推定法

前章で述べたように，調査対象の全体を母集団といいます．いま，母集団からの無作為標本が得られたとしましょう．統計学の主な目的の 1 つは無作為標本を用いて母集団の性質を調べることです．母集団を特徴づける母比率，母平均，母分散等の特性値，つまり母数がわかれば母集団は決定されます．しかし，残念ながら母数の正確な値はわかりません．それでは母数の値を推測するにはどのようにすればよいでしょうか．一般に無作為標本を用いて母数の値を推測することを**推定**といいます．特に，1 つの値（点）で推定することを**点推定**といい，推定した値を**推定値**といいます．たとえば「日本の首相の支持率は 75% である」とすることが点推定にあたります．これに対して，「日本の首相の支持率は 70% から 80% である確率は 90% である」のように区間を用いて推定することを**区間推定**といいます．3.1, 3.2 節では 2 項母集団の母比率の点推定と正規母集団の母平均，母分散の点推定について紹介します．3.3 節以降では区間推定について紹介します．

3.1 2 項分布についての点推定

本節では 2 項分布の母比率の点推定を考えます．例をみてみましょう．

例 3.1

日本の首相の支持率に興味があったとします．有権者全員を調査することは難しいので，ランダムに 1000 人の有権者を選び支持・不支持を尋ねてみました．その結果，支持が 750 人，不支持が 250 人でした．このとき，日本の首相の支持率をどのように推定すればよいでしょうか？

□

母集団分布が 2 項分布 $\mathrm{B}(1, p)$ の場合を考えてみます．このとき，結論からいうと母比率 p は標本平均で推定され，通常これを $\hat{p}$ と表します．つまり，無作為標本の実現値を $x_1, x_2, \ldots, x_n$ とすると，p は

$$\hat{p} = \bar{x} = \frac{x_1 + x_2 + \cdots + x_n}{n} \tag{3.1}$$

で推定されることになります．例 3.1 の場合，母比率（支持率）p は

$$\hat{p} = \frac{750}{1000} = 0.75$$

と推定されます．

母比率 p の推定値 (3.1) の性質を数値実験によってみていくことにします．例 3.1 の場合，表が出る確率 (母比率) が p, 裏が出る確率が $1-p$ であるコインを同じ条件で繰り返し投げることと同じになります．コインを投げて表が出れば 1, 裏が出れば 0 とします．ただし，実際にコインを同じ条件で繰り返し投げることは大変です．そこで，このことをコンピュータにさせることにします．コンピュータでは p の値をあらかじめ与えなければ実験は出来ません．p の値は陰では与えてありますが，当面はわからないものとして実験を行うことにします．そして実験を行うことにより p の値を推定し，最後に p の本当の値を明らかにすることにします．

母比率の推定実験

実験 1 (25 回)

コインを 25 回投げて標本平均を求めてみます．1 回目の無作為標本の実現値は

$$0,\ 1,\ 1,\ 1,\ 1,\ 1,\ 0,\ 1,\ 1,\ 0,\ 0,\ 0,\ 0,\ 1,\ 0,\ 1,\ 0,\ 0,\ 1,\ 0,\ 0,\ 0,\ 0,\ 0,\ 1$$

でした．データの個数は 25 です．25 回のうち 11 回が表であるので，標本平均は $\frac{11}{25} = 0.44$ です．このように無作為標本の実現値が 1 組とれれば標本平均が 1 個できます．2 回目の無作為標本の実現値は

$$0,\ 1,\ 0,\ 1,\ 0,\ 1,\ 0,\ 1,\ 1,\ 0,\ 1,\ 1,\ 0,\ 1,\ 0,\ 1,\ 0,\ 1,\ 0,\ 0,\ 0,\ 0,\ 0,\ 0,\ 0$$

でした．25 回のうち 10 回が表であるので標本平均は $\frac{10}{25} = 0.40$ です．この無作為標本の実現値からも標本平均が 1 個できます．3 回目の無作為標本の実現値は

$$1,\ 0,\ 0,\ 1,\ 0,\ 1,\ 1,\ 0,\ 1,\ 0,\ 1,\ 1,\ 0,\ 1,\ 0,\ 0,\ 0,\ 0,\ 0,\ 1,\ 0,\ 1,\ 1,\ 0,\ 1$$

でした．25 回のうち 12 回が表であるので標本平均は $\frac{12}{25} = 0.48$ です．この無作為標本の実現値からも標本平均が 1 個できます．このように無作為標本の実現値をとり，標本平均を計算するという手続きを 500 回繰り返して標本平均を 500 個求めました．その結果の相対度数分布表が表 3.1 の実験 1 の列です．ここで相対度数は

$$\text{相対度数} = \frac{\text{階級の度数}}{500}$$

で与えられます．標本平均は 0.05 から 0.75 までの値をとることがわかります．特に，階級 $0.35 \sim 0.45$ には 49% 以上が含まれ，その両側の階級を含めた区間 $0.25 \sim 0.55$ には 87% 以上が含まれます．しかし，これら以外の階級の相対度数も 0 ではありません．

表 **3.1**　母比率の推定実験の相対度数分布表

階級	実験 1	実験 2	実験 3	実験 4
0.00〜0.05	0	0	0	0
0.05〜0.15	0.002	0	0	0
0.15〜0.25	0.056	0	0	0
0.25〜0.35	0.168	0.116	0	0
0.35〜0.45	0.494	0.718	0.998	1.000
0.45〜0.55	0.212	0.166	0.002	0
0.55〜0.65	0.064	0	0	0
0.65〜0.75	0.004	0	0	0
0.75〜0.85	0	0	0	0
0.85〜0.95	0	0	0	0
0.95〜1.00	0	0	0	0
合計	1	1	1	1

実験 2 (100 回)

コインを 100 回投げて標本平均を求めます．データの個数は 100 です．まず，1 回目の無作為標本の実現値は

$$1,\ 0,\ \ldots,\ 1$$

でした．実際には上の ... に 97 個の 1 か 0 があります．この無作為標本の実現値では 100 回のうち 41 回が表でした．つまり，標本平均は $\frac{41}{100} = 0.41$ です．このように無作為標本の実現値をとり，標本平均を計算するという手続きを 500 回繰り返して標本平均を 500 個求めました．その結果の相対度数分布表が表 3.1 の実験 2 の列です．表からわかるように標本平均は区間 $0.25 \sim 0.55$ に 100% 含まれています．

実験 3 (1000 回)

コインを 1000 回投げて標本平均を求めます．データの個数は 1000 です．手続きは実験 1, 2 と同じです．その結果が表 3.1 の実験 3 の列です．標本平均は区間 $0.35 \sim 0.55$ に 100% 含まれています．

実験 4 (10000 回)

コインを 10000 回投げて標本平均を求めます．データの個数は 10000 です．手続きは実験 1, 2, 3 と同じです．その結果が表 3.1 の実験 4 の列です．今度は標本平均が階級 $0.35 \sim 0.45$ に 100% 含まれています．

母比率 p の本当の値はいくらだったのでしょうか？実は $p = 0.40$ でした．データの個数 n を大きくしていくことにより，標本平均 $\bar{x}$ は $p = 0.40$ に近づく傾向があることがわかります．つまり，母比率 p の値がわからなくてもデータの個数 n が比較的大きいときは標本平均によって母比率 p の値を推定することが出来ます．しかし，データの個数が小さいときは標本平均が母比率 p に近い値になる保証はありません．多少の間違いは覚悟しなければいけません．

3.2 正規分布についての点推定

本節では正規分布の母平均，母分散の点推定を考えます．例をみてみましょう．

例 3.2

20歳の日本人男性の身長は正規分布 $\mathrm{N}(\mu, \sigma^2)$ に従っているとします．ランダムに1000人を選び身長 (cm) を聞き取った結果は

$$172.7, \quad 178.0, \quad 163.4, \quad \ldots, \quad 172.7, \quad 173.7, \quad 161.0$$

でした．このとき，日本人男性の身長の母平均と母分散をどのように推定すればよいでしょうか？ □

今度は母集団分布が母平均 μ，母分散 σ^2 の正規分布 $\mathrm{N}(\mu, \sigma^2)$ の場合を考えてみます．通常，μ, σ^2 の推定値はそれぞれ $\hat{\mu}, \hat{\sigma}^2$ と表されます．このとき，結論からいうと母平均 μ は標本平均で推定されます．また，母分散 σ^2 は不偏分散で推定されます．つまり，無作為標本の実現値を $x_1, x_2, \ldots, x_n$ とすると，

$$\hat{\mu} = \bar{x}, \quad \hat{\sigma}^2 = u_x^2 \tag{3.2}$$

となります．

例 3.2 では具体的なデータは明示してありませんが，

$$\hat{\mu} = \frac{172.7 + 178.0 + 163.4 + \cdots + 172.7 + 173.7 + 161.0}{1000} = 172.1,$$

$$\hat{\sigma}^2 = \frac{(172.7 - 172.1)^2 + (178.0 - 172.1)^2 + \cdots + (161.0 - 172.1)^2}{1000 - 1} \fallingdotseq 25.3$$

でした．つまり，身長の母平均は 172.1，母分散は 25.3 と推定されます．

この場合も数値実験で推定値 (3.2) の性質をみていくことにします．20歳の日本人男性をランダムに選び身長を聞き取っていくことは実際には大変です．そこで前節の2項分布の場合と同じようにこれらのことをコンピュータにさせることにします．ここでも母平均 μ，母分散 σ^2 の値があらかじめ与えられなければいけませんが，当面わからないものとして実験を行います．そして実験を行うことによりこれらの母数の値を推定することにします．最後に μ, σ^2 の本当の値を明らかにします．

(i) 母平均の点推定

まずは母平均 μ の点推定です．

母平均の推定実験

実験 1 (25 人)

20 歳の日本人男性 25 人をランダムに選び身長を聞きとり標本平均を求めてみます．その結果は 169.8 でした．次に同じように 25 人をランダムに選び身長を聞きとり標本平均を求めてみます．その結果は 169.1 でした．このように無作為標本の実現値をとり，標本平均を計算するという手続きを 500 回繰り返して標本平均を 500 個求めました．その結果の相対度数分布表が表 3.2 の実験 1 の列です．標本平均は 168.0 から 174.5 までの値をとることがわかります．階級 171.0 ∼ 171.5 にはおよそ 19% が含まれています．しかし，その他の階級の相対度数も 0 ではありません．

実験 2 (100 人)

20 歳の日本人男性 100 人をランダムに選び身長を聞きとり標本平均を求めるという実験を実験 1 と同じように 500 回繰り返しました．その結果が表 3.2 の実験 2 の列です．階級 170.5 ∼ 171.0 にはおよそ 38% が含まれています．

実験 3 (1000 人)

20 歳の日本人男性 1000 人をランダムに選び身長を聞きとり標本平均を求めるという実験を実験 1, 2 と同じように 500 回繰り返しました．その結果が表 3.2 の実験 3 の列です．今度は階級 170.5 ∼ 171.0 にはおよそ 90% が含まれています．さらにその両側の階級を含めた区間 170.0 ∼ 171.5 には 100% が含まれています．

実験 4 (10000 人)

20 歳の日本人男性 10000 人をランダムに選び身長を聞きとり標本平均を求めるという実験を実験 1, 2, 3 と同じように 500 回繰り返しました．その結果が表 3.2 の実験 4 の列です．今度は階級 170.5 ∼ 171.0 に 100% が含まれています．

母平均 μ の本当の値はいくらだったのでしょうか？実は $\mu = 171.0$ でした．データの個数 n を大きくしていくことにより，標本平均 $\bar{x}$ は $\mu = 171.0$ に近づく傾向があることがわかります．つまり，母平均 μ の値がわからなくてもデータの個数 n が比較的大きいときは標本平均によって母平均 μ の値を推定することが出来ます．しかし，データの個数が小さいときは標本平均が母平均 μ に近い値になる保証はありません．多少の間違いは覚悟しなければいけません．つまり 2 項分布の推定のときと同じようなことがいえます．

(ii) 母分散の点推定

次に母分散の点推定について考えてみましょう．今度は標本平均ではなく，不偏分散について先の実験と同じような数値実験を行いました．実験 1 から実験 4 はそれぞれデータの個数が 25, 100, 1000, 10000 です．その結果の相対度数分布表は表 3.3 のようになり，母平均の場合と同じような傾向があることがわかります．母分散 σ^2 の本当の値は 25.0 でしたが，データの

表 3.2 母平均の推定実験の相対度数分布表

階級	実験 1	実験 2	実験 3	実験 4
168.0〜168.5	0.002	0	0	0
168.5〜169.0	0.024	0	0	0
169.0〜169.5	0.078	0.006	0	0
169.5〜170.0	0.136	0.080	0	0
170.0〜170.5	0.166	0.224	0.056	0
170.5〜171.0	0.174	0.376	0.896	1.000
171.0〜171.5	0.186	0.02	0.048	0
171.5〜172.0	0.126	0.056	0	0
172.0〜172.5	0.072	0.006	0	0
172.5〜173.0	0.024	0	0	0
173.0〜173.5	0.008	0	0	0
173.5〜174.0	0.002	0	0	0
174.0〜174.5	0.002	0	0	0
合計	1	1	1	1

表 3.3 母分散の推定実験の相対度数分布表

階級	実験 1	実験 2	実験 3	実験 4
6.5〜10.5	0.004	0	0	0
10.5〜14.5	0.032	0	0	0
14.5〜18.5	0.072	0.012	0	0
18.5〜22.5	0.172	0.154	0.012	0
22.5〜26.5	0.226	0.424	0.860	1.000
26.5〜30.5	0.190	0.312	0.128	0
30.5〜34.5	0.134	0.088	0	0
34.5〜38.5	0.088	0.008	0	0
38.5〜42.5	0.044	0.002	0	0
42.5〜46.5	0.024	0	0	0
46.5〜50.5	0.010	0	0	0
50.5〜54.5	0.004	0	0	0
合計	1	1	1	1

個数が比較的大きいときは母分散 σ^2 の値を不偏分散によって推定してもよいことがわかります．しかし，データの個数が小さいときはやはり間違いを犯す可能性があります．

3.3 正規分布についての区間推定

前節までは点推定について考えましたが，点ではなく区間で母数を推定することを考えます．たとえば，3.2 節の (i) 母平均の点推定を思い出してみましょう．実験 1 で最初に得られた標本平均は 169.8 でした．そこで，169.8 を中心とし，前後の区間の幅が 5 cm の区間 164.8 ∼ 174.8 を考え，この区間に比較的大きい確率で母平均の本当の値が含まれるだろうと考えるのです．実際，母平均の本当の値は 171.0 でしたので，確かにこの区間 164.8 ∼ 174.8 に母平均の本当の値が含まれることがわかります．このように区間推定とは区間 $a \sim b$ に母数が含まれる確率が，たとえば 95% となるように a, b を決めることです．ここで，95% のような値を**信頼係数**または**信頼度**といいます．また，区間 $a \sim b$ を **95% 信頼区間**といいます．信頼係数は 95% 以外にも 90% や 99% 等も用いられますが，95% が一番多く用いられているので，ここでは 95% の場合を中心に説明します．たとえば，同じ正規母集団から同じ個数のデータが得られるという状況が 100 回あるとします．この 100 回のうち 95 回程度は母平均 μ が信頼区間 $a \sim b$ に含まれるように出来るということを意味しています．逆に言えば 100 回のうち 5 回程度は間違いを犯す可能性があるわけです．図 3.1 は 95% 信頼区間のイメージです．両端に矢印のある線分が信頼区間を表しています．μ の 95% 信頼区間を 100 個作ったら，そのうち 95 個 (95%) が母平均 μ を含んでいるというイメージです．ここで注意が必要です．95% 信頼区間は必ず 95% の割合で母平均 μ を含むわけではありません．100 個の 95% 信頼区間がすべて母平均 μ を含むこともあれば，90 個しか μ を含まないこともあります．これは歪みのないコインを 2 回投げたとき，必ずしも表と裏が 1 回ずつ出るとは限らないことと同じです．

次節から正規分布 $\mathrm{N}(\mu, \sigma^2)$ の 2 つの母数 μ と σ^2 の区間推定を考えます．本来，いずれの

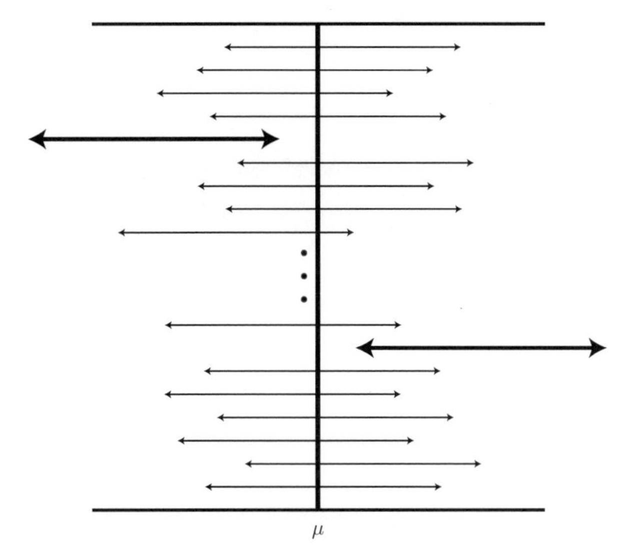

図 **3.1** 95% 信頼区間を 100 個作ったら，そのうち 95 個 (95%) が μ を含んでいる

母数もわからないのですが，経験上いずれかの母数がわかっていると仮定して差し支えないこともあります．そこで，σ^2 が既知の場合の μ の区間推定，σ^2 が未知の場合の μ の区間推定，μ が未知の場合の σ^2 の区間推定を考えることにします．

3.3.1 正規分布の母平均の区間推定（母分散は既知の場合）

まずは正規分布の母平均の区間推定を考えることにします．ただし，母分散の値はわかっているものとします．

例 3.3

駅から大学までの距離 (km) を 20 回測ってみた結果は

$$1.01,\quad 0.97,\quad 1.03,\quad 0.97,\quad 1.03,\quad 1.01,\quad 1.04,\quad 1.01,\quad 1.02,\quad 1.15,$$
$$1.03,\quad 1.00,\quad 0.94,\quad 0.99,\quad 1.06,\quad 1.02,\quad 1.03,\quad 1.01,\quad 1.14,\quad 1.01$$

でした．ただし，測定結果は母平均 μ, 母分散 0.2^2 の正規分布 $\mathrm{N}(\mu, 0.2^2)$ に従っているものとします．母平均 μ の推定値は

$$\text{標本平均} = \frac{1.01 + 0.97 + \cdots + 1.01}{20} = 1.0235$$

となります．それでは，母平均 μ の 95% 信頼区間はどうなるでしょうか？ □

実は「正規分布に従う確率変数の和」や「正規分布に従う確率変数の定数倍」は正規分布に従うことが知られています．このことから，無作為標本の標本平均も正規分布に従います．さらに，もう少し詳しく書くと

$$\sqrt{\frac{n}{\text{母分散}}} \times (\text{標本平均} - \text{母平均}) \tag{3.3}$$

は標準正規分布に従います．ここで n はデータの個数です．図 3.2 は標準正規分布の確率密度関数と上側 2.5% 点，下側 2.5% 点です．網かけ部分は標準正規分布に従う確率変数が 1.96 以上となる確率が 2.5% となることを意味しています．同じく，-1.96 以下となる確率も 2.5% になります．つまり，標準正規分布に従う確率変数が -1.96 より大きく 1.96 より小さくなる確率は 95% ということです．したがって

$$-1.96 < \sqrt{\frac{n}{\text{母分散}}} \times (\text{標本平均} - \text{母平均}) < 1.96$$

となる確率が 95% になることがわかります．この不等式を母平均について解くことにより次の公式が導かれます．

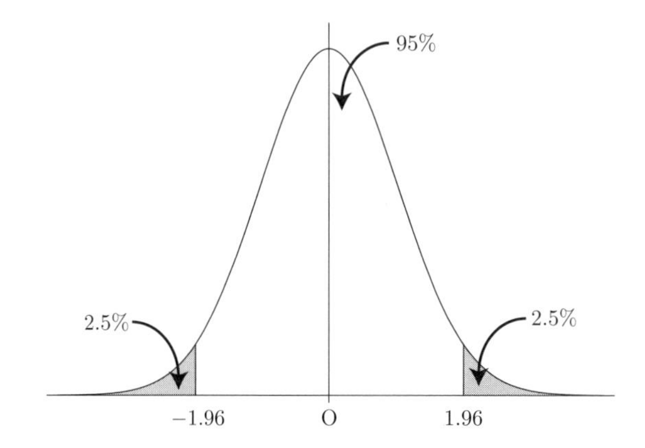

図 3.2　標準正規分布の上側 2.5% 点，下側 2.5% 点

公式 3.1

正規分布 $\mathrm{N}(\mu, \sigma^2)$（母分散 σ^2 は既知）の母平均 μ の 95% 信頼区間は

$$\text{標本平均} - 1.96\sqrt{\frac{\text{母分散}}{n}} < \text{母平均} < \text{標本平均} + 1.96\sqrt{\frac{\text{母分散}}{n}}$$

となります．

公式 3.1 を式で書くと次のようになります．

$$x_1, \quad x_2, \quad \ldots, \quad x_n$$

を母平均 μ, 母分散 σ^2 の正規母集団からの無作為標本の実現値とします．ただし，母分散 σ^2 は既知とします．このとき，母平均 μ の 95% 信頼区間は

$$\bar{x} - 1.96\sqrt{\frac{\sigma^2}{n}} < \mu < \bar{x} + 1.96\sqrt{\frac{\sigma^2}{n}} \tag{3.4}$$

と表されます．ここで，$\bar{x}$ は標本平均

$$\bar{x} = \frac{x_1 + x_2 + \cdots + x_n}{n}$$

です．

例 **3.3** に戻りましょう．例 **3.3** の場合

$$n = 20, \quad 標本平均 = 1.0235, \quad 母分散 = 0.2^2$$

でした．公式 **3.1** より

$$標本平均 - 1.96\sqrt{\frac{母分散}{n}} = 1.0235 - 1.96\sqrt{\frac{0.2^2}{20}} \fallingdotseq 0.94,$$
$$標本平均 + 1.96\sqrt{\frac{母分散}{n}} = 1.0235 + 1.96\sqrt{\frac{0.2^2}{20}} \fallingdotseq 1.11$$

となります．つまり，母平均 μ の 95% 信頼区間は 0.94 ∼ 1.11 となります．

3.3.2 正規分布の母平均の区間推定（母分散は未知の場合）

3.3.1 節では母分散が既知の場合に母平均 μ の 95% 信頼区間を考えました．ここでは，正規分布の母平均の区間推定を母分散が未知の場合に考えることにします．

例 3.4

ある花の種を蒔いてから発芽するまでの時間は正規分布 $\mathrm{N}(\mu, \sigma^2)$ に従っているとします．実際にこの花の種を 10 粒蒔いて発芽するまでの時間を計ってみました．その結果，標本平均，不偏分散はそれぞれ

$$標本平均 = 163.77, \quad 不偏分散 = 138.185$$

となりました．母平均 μ の 95% 信頼区間はどうなるでしょうか？ □

例 3.4 では母分散 σ^2 は未知であるので，公式 **3.1** は使えません．それではどうすればよいでしょうか？母分散が未知であるので母分散を推定することにしましょう．母分散を推定するには不偏分散を用いればよかったので，公式 **3.1** で母分散を不偏分散に置き換えることにします．ただし，このことによって公式 **3.1** での 1.96 という値が少し変わります．データの個数が一般の n の場合は多少複雑であるので，まずはデータの個数が 10 の場合について説明します．データの個数が 10 の場合，無作為標本の標本平均に関して

$$\sqrt{\frac{10}{不偏分散}} \times (標本平均 - 母平均)$$

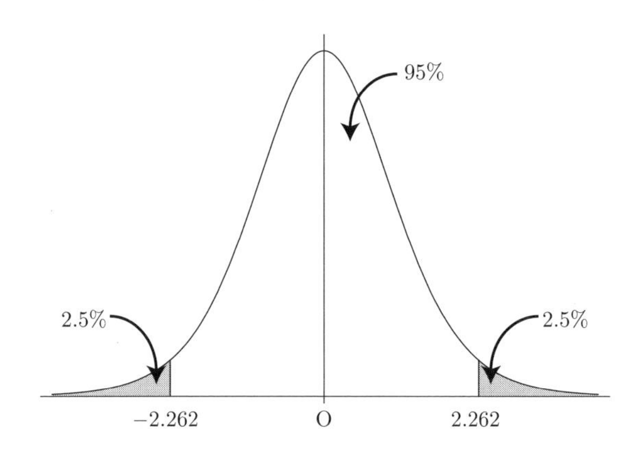

図 **3.3**　自由度 **9** の t 分布の上側 **2.5**% 点，下側 **2.5**% 点

は自由度 9 の **t 分布**という分布に従うことが知られています．ここで，自由度 9 の 9 はデータの個数 10 から 1 を引いた値です．図 3.3 は自由度 9 の t 分布の確率密度関数と上側 2.5% 点，下側 2.5% 点です．網かけ部分は自由度 9 の t 分布に従う確率変数が 2.262 以上となる確率が 2.5% となることを意味しています．同じく，−2.262 以下となる確率も 2.5% になります．つまり，自由度 9 の t 分布に従う確率変数が −2.262 より大きく 2.262 より小さくなる確率は 95% ということです．したがって

$$-2.262 < \sqrt{\frac{10}{\text{不偏分散}}} \times (\text{標本平均} - \text{母平均}) < 2.262$$

となる確率は 95% になることがわかります．この不等式を母平均について解くことにより

$$\text{標本平均} - 2.262\sqrt{\frac{\text{不偏分散}}{10}} < \text{母平均} < \text{標本平均} + 2.262\sqrt{\frac{\text{不偏分散}}{10}}$$

が導かれます．

データの個数が一般の n の場合には次の公式が成り立ちます．

公式 3.2

正規分布 $\mathrm{N}(\mu, \sigma^2)$（母分散 σ^2 は未知）の母平均 μ の 95% 信頼区間は

$$\text{標本平均} - t_{[n-1]}(0.025)\sqrt{\frac{\text{不偏分散}}{n}} < \text{母平均} < \text{標本平均} + t_{[n-1]}(0.025)\sqrt{\frac{\text{不偏分散}}{n}}$$

となります．

公式 3.2 を式で書くと，次のようになります．

$$x_1, \quad x_2, \quad \ldots, \quad x_n$$

を母平均 μ, 母分散 σ^2 の正規母集団からの無作為標本の実現値とします．ただし，母分散 σ^2 は未知とします．このとき，母平均 μ の 95% 信頼区間は

$$\bar{x} - t_{[n-1]}(0.025)\sqrt{\frac{u_x^2}{n}} < \mu < \bar{x} + t_{[n-1]}(0.025)\sqrt{\frac{u_x^2}{n}} \tag{3.5}$$

となります．ここで，u_x^2 は不偏分散

$$u_x^2 = \frac{(x_1-\bar{x})^2 + (x_2-\bar{x})^2 + \cdots + (x_n-\bar{x})^2}{n-1}$$

です．また，$t_{[n-1]}(0.025)$ はデータの個数 n によって定まる値で**自由度 $n-1$ の t 分布の上側 2.5% 点**と呼ばれています．上側 α 点を求めるための表（数表 3）が巻末にあります．表 3.4 にいくつかの自由度 m に対して，上側 2.5% 点 $t_{[m]}(0.025)$ がまとめてあります．たとえば，自由度 9 に対しては $t_{[9]}(0.025) = 2.262$ となります．

表 3.4 自由度 m の t 分布の上側 2.5% 点 $t_{[m]}(0.025)$ の値

m	8	9	10	11	12	13	14	15	16	17
$t_{[m]}(0.025)$	2.306	2.262	2.228	2.201	2.179	2.160	2.145	2.131	2.120	2.110

例 3.4 に戻りましょう．例 3.4 の場合

$$\text{標本平均} = 163.77, \quad \text{不偏分散} = 138.185$$

でした．公式 3.2 より

$$\text{標本平均} - 2.262\sqrt{\frac{\text{不偏分散}}{10}} = 163.77 - 2.262\sqrt{\frac{138.185}{10}} = 155.36\cdots \fallingdotseq 155.4,$$

$$\text{標本平均} + 2.262\sqrt{\frac{\text{不偏分散}}{10}} = 163.77 + 2.262\sqrt{\frac{138.185}{10}} = 172.17\cdots \fallingdotseq 172.2$$

となります．つまり，母平均 μ の 95% 信頼区間は

$$155.4 \sim 172.2$$

となります．

注意 3.1 自由度 m の t 分布の確率密度関数は標準正規分布の確率密度関数と似ていますが，実は微妙に異なっています．たとえば，図 3.4 は標準正規分布と自由度 9 の t 分布の確率密度関数のグラフです．実線が標準正規分布，波線が自由度 9 の t 分布です．標準正規分布より自

由度 9 の t 分布のほうが少しだけばらつきが大きいことがわかります．また，自由度 m の t 分布の確率密度関数は，m が大きくなれば標準正規分布の確率密度関数に近づくことが知られています．

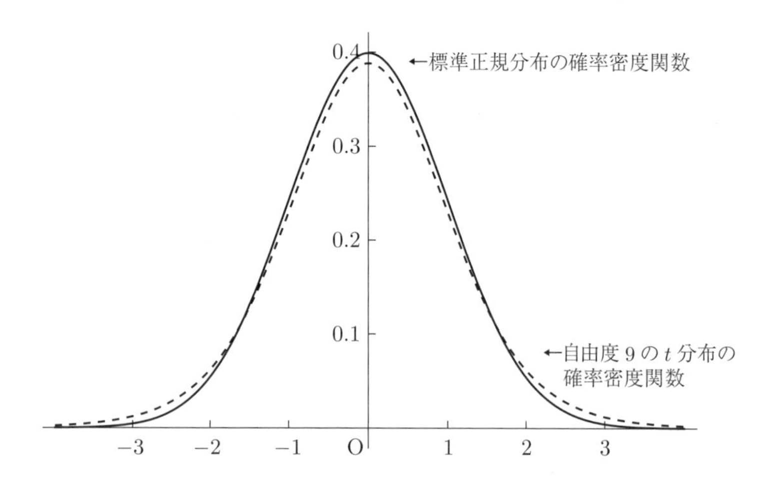

図 3.4　標準正規分布の確率密度関数と自由度 9 の t 分布の確率密度関数

3.3.3　正規分布の母分散の区間推定（母平均は未知の場合）

今度は正規分布の母分散の区間推定です．この問題に対しては，母平均 μ が既知か未知かにはそれほど影響を受けないことがわかっています．そのため，ここでは最初から母平均 μ が未知の場合を扱います．

例 3.5

例 3.4 の母分散 σ^2 の 95% 信頼区間はどうなるでしょうか？　□

ここでもデータの個数が一般の n の場合は多少複雑であるので，まずはデータの個数が 10 の場合について説明します．データの個数が 10 の場合，無作為標本の不偏分散に関して

$$9 \times \frac{\text{不偏分散}}{\text{母分散}}$$

は自由度 9 の**カイ 2 乗分布**という分布に従うことが知られています．ここで，自由度 9 の 9 はデータの個数 10 から 1 を引いた値です．図 3.5 は自由度 9 のカイ 2 乗分布の確率密度関数と上側 2.5% 点，下側 2.5% 点です．網かけ部分は自由度 9 のカイ 2 乗分布に従う確率変数が 19.023 以上となる確率が 2.5% となることを意味しています．同じく，2.700 以下となる確率も 2.5% になります．つまり，自由度 9 のカイ 2 乗分布に従う確率変数が 2.700 より大きく 19.023 より小さくなる確率は 95% ということです．したがって

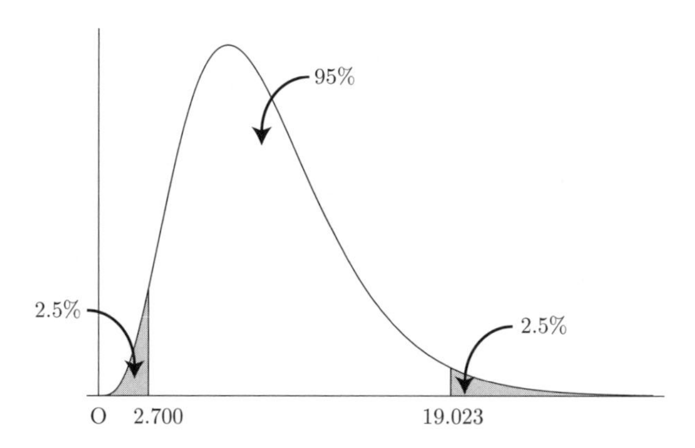

図 3.5　自由度 9 のカイ 2 乗分布の上側 2.5% 点，下側 2.5% 点

$$2.700 < 9 \times \frac{\text{不偏分散}}{\text{母分散}} < 19.023$$

となる確率は 95% になることがわかります．この不等式を母分散について解くことにより

$$\frac{9}{19.023} \times \text{不偏分散} < \text{母分散} < \frac{9}{2.700} \times \text{不偏分散}$$

が導かれます．

データの個数が一般の n の場合には次の公式が成り立ちます．

公式 3.3

正規分布 $\mathrm{N}(\mu, \sigma^2)$（母平均 μ は未知）の母分散 σ^2 の 95% 信頼区間は

$$\frac{n-1}{\chi^2_{[n-1]}(0.025)} \times \text{不偏分散} < \text{母分散} < \frac{n-1}{\chi^2_{[n-1]}(0.975)} \times \text{不偏分散}$$

となります．

公式 3.3 を式で書くと，次のようになります．

$$x_1, \quad x_2, \quad \ldots, \quad x_n$$

を母平均 μ, 母分散 σ^2 の正規母集団からの無作為標本の実現値とします．ただし，母平均 μ は未知とします．このとき，母分散 σ^2 の 95% 信頼区間は

$$\frac{n-1}{\chi^2_{[n-1]}(0.025)} u_x^2 < \sigma^2 < \frac{n-1}{\chi^2_{[n-1]}(0.975)} u_x^2 \tag{3.6}$$

となります．ここでも u_x^2 は不偏分散です．また，$\chi^2_{[n-1]}(0.025)$ と $\chi^2_{[n-1]}(0.975)$ はデータの個数 n によって定まる値で，それぞれ **自由度 $n-1$ のカイ 2 乗分布の上側 2.5% 点，下側 2.5% 点**と呼ばれています．上側 α 点を求めるための表（数表 4）が巻末にあります．表 3.5 にいくつかの自由度 m に対して，上側 2.5% 点 $\chi^2_{[m]}(0.025)$ と下側 2.5% 点 $\chi^2_{[m]}(0.975)$ がまと

めてあります．たとえば，自由度 9 に対しては $\chi^2_{[9]}(0.975) = 2.700$, $\chi^2_{[9]}(0.025) = 19.023$ となります．

表 3.5　自由度 m の χ^2 分布の下側 2.5% 点 $\chi^2_{[m]}(0.975)$, 上側 2.5% 点 $\chi^2_{[m]}(0.025)$ の値

m	8	9	10	11	12	13	14	15	16	17	18
$\chi^2_{[m]}(0.975)$	2.180	2.700	3.247	3.816	4.404	5.009	5.629	6.262	6.908	7.564	8.231
$\chi^2_{[m]}(0.025)$	17.535	19.023	20.483	21.920	23.337	24.736	26.119	27.488	28.845	30.191	31.526

例 3.5 に戻りましょう．例 3.5 の場合

$$\text{不偏分散} = 138.185$$

でした．公式 3.3 より

$$\frac{9}{19.023} \times \text{不偏分散} = \frac{9}{19.023} \times 138.185 = 65.37\cdots \fallingdotseq 65.4,$$
$$\frac{9}{2.700} \times \text{不偏分散} = \frac{9}{2.700} \times 138.185 = 460.61\cdots \fallingdotseq 460.6$$

となります．つまり，母分散 σ^2 の 95% 信頼区間は

$$65.4 \sim 460.6$$

となります．

3.4　2 項分布についての区間推定

前節までは正規分布の母平均，母分散の区間推定を考えました．本節では 2 項分布の母比率の区間推定を考えます．例をみてみましょう．

例 3.6

例 3.1 の母比率 p の 95% 信頼区間はどうなるでしょうか？　□

データの個数 n が大きいとき，中心極限定理より，無作為標本の標本平均に関して

$$\sqrt{\frac{n}{\text{標本平均}\,(1 - \text{標本平均})}} \times (\text{標本平均} - \text{母比率})$$

は近似的に標準正規分布に従います．したがって，

$$-1.96 < \sqrt{\frac{n}{\text{標本平均}\,(1 - \text{標本平均})}} \times (\text{標本平均} - \text{母比率}) < 1.96$$

となる確率が 95% になることがわかります．この不等式を母比率について解くことにより，次の公式が導かれます．

公式 3.4

2項分布 $\mathrm{B}(1, p)$ の母比率 p の 95% 信頼区間は

$$
\text{標本平均} - 1.96\sqrt{\frac{\text{標本平均}\,(1 - \text{標本平均})}{n}}
$$

$$
< \text{母比率} < \text{標本平均} + 1.96\sqrt{\frac{\text{標本平均}\,(1 - \text{標本平均})}{n}}
$$

となります．

公式 3.4 を式で書くと次のようになります．

$$
x_1, \quad x_2, \quad \ldots, \quad x_n
$$

を母比率 p の 2 項母集団からの無作為標本の実現値とします．このとき，母比率 p の 95% 信頼区間は

$$
\bar{x} - 1.96\sqrt{\frac{\bar{x}(1-\bar{x})}{n}} < p < \bar{x} + 1.96\sqrt{\frac{\bar{x}(1-\bar{x})}{n}} \tag{3.7}
$$

となります．公式 3.4 の 95% 信頼区間は厳密には近似的な信頼区間ですが，以降では「近似的な」という言葉は省略することにします．母比率 p の 90% 信頼区間，99% 信頼区間を求めたい場合には，公式 3.4 または (3.7) の 1.96 をそれぞれ 1.6449, 2.5758 に置き換えることになります．1.6449, 2.5758 はそれぞれ標準正規分布の上側 5% 点，上側 0.5% 点です．なお，近似の条件ですが，2.12 節の (2.16) と同じで，$np \geq 5$ かつ $n(1-p) \geq 5$ です．ただし，ここでは p は未知であるので標本平均で推定することになり，近似の条件は

$$
n \times \text{標本平均} \geq 5 \quad \text{かつ} \quad n \times (1 - \text{標本平均}) \geq 5 \tag{3.8}
$$

となります．

例 3.6 に戻りましょう．この場合，

$$
n = 1000, \quad \text{標本平均} = 0.75
$$

でした．近似の条件 (3.8) を確認してみると，

$$
1000 \times 0.75 = 750 \geq 5, \quad 1000 \times (1 - 0.75) = 250 \geq 5
$$

となり，近似を用いることができます．公式 3.4 より，

$$
\text{標本平均} - 1.96\sqrt{\frac{\text{標本平均}\,(1 - \text{標本平均})}{n}} = 0.75 - 1.96\sqrt{\frac{0.75 \times (1 - 0.75)}{1000}} \fallingdotseq 0.72,
$$

$$\text{標本平均} + 1.96\sqrt{\frac{\text{標本平均}\,(1 - \text{標本平均})}{n}} = 0.75 + 1.96\sqrt{\frac{0.75 \times (1 - 0.75)}{1000}} \fallingdotseq 0.78$$

となり，母比率 p の 95% 信頼区間は

$$0.72 \sim 0.78$$

となります．同様に，母比率 p の 90% 信頼区間，99% 信頼区間はそれぞれ

$$0.73 \sim 0.77, \quad 0.71 \sim 0.79$$

となります．これらをまとめると，表 **3.6** となり，信頼係数が大きくなると信頼区間が広くなっていく様子がわかります．

表 3.6　母比率の信頼区間

信頼係数	信頼区間	信頼区間の幅
90%	$0.73 \sim 0.77$	0.04
95%	$0.72 \sim 0.78$	0.06
99%	$0.71 \sim 0.79$	0.08

3.5 データの個数の決め方

例 3.6 の母比率 p の 95% 信頼区間は $0.72 \sim 0.78$ でしたが，もしランダムに選ぶ有権者の人数を 100 人とし，標本平均を 0.75 のままとすると，母比率 p の 95% 信頼区間は $0.67 \sim 0.83$ となります．どちらの信頼区間のほうがいいでしょうか．信頼区間はその区間幅が小さければ小さいほど推定の精度が高くなり，より効果的となります．95% 信頼区間で，データの個数を大きくすると，信頼区間の幅は小さくなり，推定の精度が上がることになります．しかし，データの個数を大きくするためには，コスト，労力等がかかることがあります．そこで，信頼区間の幅の目標値を設定し，その目標値を達成するために必要なデータの個数を決めることを考えます．

3.5.1 正規分布の母平均の区間推定の場合（母分散は既知）

正規分布 $\mathrm{N}(\mu, \sigma^2)$（母分散 σ^2 は既知）の母平均 μ の 95% 信頼区間は公式 **3.1** より，

$$\text{標本平均} - 1.96\sqrt{\frac{\text{母分散}}{n}} < \text{母平均} < \text{標本平均} + 1.96\sqrt{\frac{\text{母分散}}{n}}$$

です．このことから，信頼区間の幅は

$$2 \times 1.96\sqrt{\frac{\text{母分散}}{n}}$$

となります（図 3.6 参照）．そこで，信頼区間の幅の目標値を H とし，

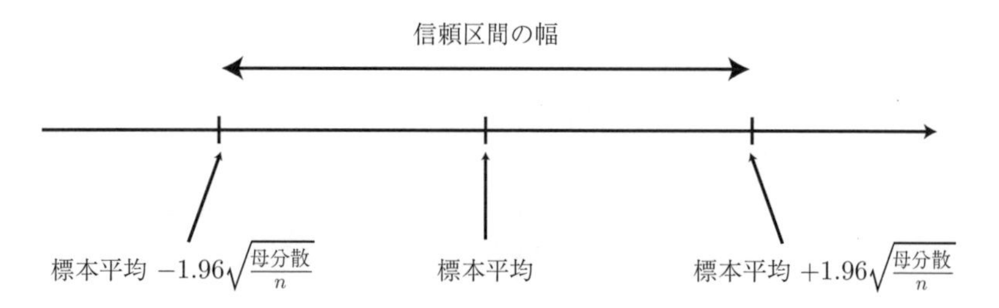

図 3.6　信頼区間と信頼区間の幅

$$2 \times 1.96\sqrt{\frac{母分散}{n}} \leq H$$

となるように n を決めることを考えます．この不等式を n について解くと，

$$n \geq \frac{(2 \times 1.96)^2 \times (母分散)}{H^2} \tag{3.9}$$

となり，目標値を達成するために必要なデータの個数を求めることができます．

例 3.7

例 3.3 の駅から大学までの距離の例を考えます．データの個数は 20，母分散は 0.2^2 でした．また，母平均 μ の 95% 信頼区間は $0.94 \sim 1.11$ でしたので，信頼区間の幅は $1.11 - 0.94 = 0.17$ です．この信頼区間の幅を $H = 0.15$ 以下にするためには，(3.9) から，

$$n \geq \frac{(2 \times 1.96)^2 \times 0.2^2}{0.15^2} \fallingdotseq 27.3$$

となり，必要なデータの個数は 28 となります．　□

3.5.2　2 項分布の母比率の区間推定の場合

2 項分布 $\mathrm{B}(1, p)$ の母比率 p の 95% 信頼区間は公式 3.4 より，

$$標本平均 - 1.96\sqrt{\frac{標本平均\,(1 - 標本平均)}{n}}$$
$$< 母比率 < 標本平均 + 1.96\sqrt{\frac{標本平均\,(1 - 標本平均)}{n}}$$

です．このことから，信頼区間の幅は

$$2 \times 1.96\sqrt{\frac{標本平均\,(1 - 標本平均)}{n}} \tag{3.10}$$

となります．ここで，関数 $y = x(1-x)$ を考えます．$0 \leq x \leq 1$ の範囲では，$y = x(1-x)$ は $x = \frac{1}{2}$ のときに最大値 $\frac{1}{4}$ をとります（図 3.7 参照）．x を (3.10) の標本平均とすると，(3.10) は

$$2 \times 1.96\sqrt{\frac{\text{標本平均}\,(1-\text{標本平均})}{n}} \leq \frac{1.96}{\sqrt{n}}$$

となります．信頼区間の幅の目標値を H とし，

$$\frac{1.96}{\sqrt{n}} \leq H$$

となるようにデータの個数を決めることにします．この不等式を n について解くと，

$$n \geq \left(\frac{1.96}{H}\right)^2 \tag{3.11}$$

となり，目標値を達成するために必要なデータの個数を求めることができます．

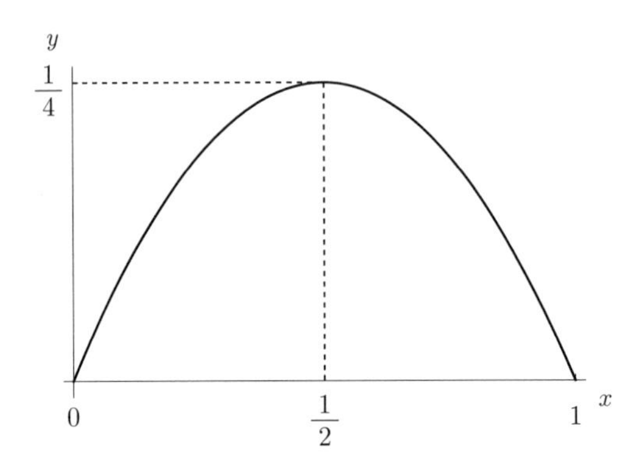

図 **3.7** $y = x(1-x)$ のグラフ

例 3.8

ある商品のアンケート調査をし，満足するかどうかを尋ねることにしましょう．満足率（母比率）の 95% 信頼区間を作ることにし，信頼区間の幅を $H = 0.10$ 以下にしたいときには，どれくらいのデータが必要でしょうか．(3.11) から，

$$n \geq \left(\frac{1.96}{0.10}\right)^2 \fallingdotseq 384.2$$

となり，必要なデータの個数は 385 となります． □

3.6 視聴率のはなし

2009 年 3 月 24 日に行われたワールド・ベースボール・クラシックの決勝戦，日本 vs. 韓国戦の視聴率（関東地区）は表 3.7 のような結果でした（ビデオリサーチ社）．

表 3.7　日本 vs. 韓国戦の視聴率

	放送開始	放送分数	番組平均世帯視聴率 (%)
1 回目	9:55	40	19.7
2 回目	10:35	253	36.4
3 回目	14:48	6	37.6

視聴率は世帯を対象とし，関東地区の調査世帯数は 600 です．番組平均世帯視聴率は毎分の視聴率の標本平均です．1 回目，2 回目，3 回目の視聴率（母比率）を p_1, p_2, p_3 とし，p_1, p_2, p_3 の 95% 信頼区間を求めてみましょう．p_1 について，1 回目の番組平均世帯視聴率は 19.7% でしたので，近似の条件 (3.8) を確認してみると

$$600 \times 0.197 = 118.2 \geq 5, \quad 600 \times (1 - 0.197) = 481.8 \geq 5$$

となり，近似を用いることができます．公式 3.4 より，

$$\text{標本平均} - 1.96\sqrt{\frac{\text{標本平均}\ (1 - \text{標本平均})}{n}} = 0.197 - 1.96\sqrt{\frac{0.197 \times (1 - 0.197)}{600}} \fallingdotseq 0.165,$$

$$\text{標本平均} + 1.96\sqrt{\frac{\text{標本平均}\ (1 - \text{標本平均})}{n}} = 0.197 + 1.96\sqrt{\frac{0.197 \times (1 - 0.197)}{600}} \fallingdotseq 0.229$$

となり，視聴率 p_1 の 95% 信頼区間は

$$0.165 \sim 0.229$$

となります．p_2, p_3 については，2 回目，3 回目の番組平均世帯視聴率はそれぞれ 36.4%, 37.6% でしたので，近似の条件 (3.8) は，

$$600 \times 0.364 = 218.4 \geq 5, \quad 600 \times (1 - 0.364) = 381.6 \geq 5,$$

$$600 \times 0.376 = 225.6 \geq 5, \quad 600 \times (1 - 0.376) = 374.4 \geq 5$$

と満たされています．また，95% 信頼区間はそれぞれ

$$0.326 \sim 0.402, \quad 0.337 \sim 0.415$$

となります．これらの信頼区間より，p_1 より p_2 が大きく，p_2 と p_3 はあまり変わらないように思われます．試合が白熱して，だんだんテレビをみる人が増えたのでしょう．p_1 より p_2 が大きいかどうか，p_2 と p_3 は異なるかどうか等を調べるためには次章の検定法を用います．

章末問題 3

問題 3.1 ある歪んだコインの表が出る確率は p, 裏が出る確率は $1-p$ です．p の値を知るために，コインを 10 回投げてみました．その結果は，表を 1, 裏を 0 と表すと

$$1,\quad 0,\quad 1,\quad 0,\quad 0,\quad 0,\quad 0,\quad 1,\quad 1,\quad 0$$

でした．このとき, p の推定値を求めなさい．

問題 3.2 18 歳から 24 歳のアメリカ人女性の身長 (cm) は正規分布 $\mathrm{N}(\mu, \sigma^2)$ に従っているとします．18 歳から 24 歳のアメリカ人女性 10 人をランダムに抽出して身長を測ったところ

$$161.3,\quad 163.8,\quad 162.9,\quad 159.8,\quad 165.8,\quad 167.7,\quad 161.9,\quad 151.3,\quad 171.4,\quad 164.1$$

でした．ただし, 母平均 μ, 母分散 σ^2 はどちらも未知です．以下の問いに答えなさい．

(1) 母平均 μ の推定値を求めなさい．

(2) 母分散 σ^2 の推定値を求めなさい．

問題 3.3 ある菓子メーカーが袋詰めのポテトチップスの重量 (g) を検査するために，工場で製造した製品の中から 10 個をランダムに抽出し，それらの重量を測りました．その結果，それらの標本平均は 96.3, 不偏分散は 1.8^2 でした．いま，この工場で製造されている製品の重量は正規分布 $\mathrm{N}(\mu, \sigma^2)$ に従っているものとします．ただし，母平均 μ, 母分散 σ^2 はどちらも未知です．以下の問いに答えなさい．

(1) 母平均 μ の 95% 信頼区間を求めなさい．

(2) 母分散 σ^2 の 95% 信頼区間を求めなさい．

問題 3.4 ある新薬はマウスに効く確率が p, 効かない確率が $1-p$ です．

(1) p の 95% 信頼区間の幅を 0.1 以下にしたいときには，何匹のマウスに試す必要があるか答えなさい．

(2) マウス 20 匹にこの新薬を試したところ，15 匹に効きましたが，5 匹には効きませんでした．このとき，p の 95% 信頼区間を求めなさい．

第4章 検定法

この章では，母集団分布の母数，あるいは，母集団分布に対して，ある仮説を設け，その仮説を調べるための**仮説検定法**と呼ばれる方法を紹介します．この章で扱う母集団分布は正規分布と2項分布です．多様なデータに対して，様々な検定法がありますが，その基礎となっている考え方は同じです．

4.1 検定の考え方

たとえば，コインを10回投げて，表が9回出たとしましょう．ここで，コインの表の出る確率 p を問題とします．このとき，次の2つの考え方があります．

(i) 表が9回出る確率はゼロではないので，このようなことが起こっても不思議ではない．
(ii) 表が出やすくなっているのではないか．そのような細工がされているのではないか．

もし $p = \frac{1}{2}$ とすると，コインを10回投げて9回表の出る確率は，2項分布 $\mathrm{B}\left(10, \frac{1}{2}\right)$ より，

$$ {}_{10}\mathrm{C}_9 \left(\frac{1}{2}\right)^9 \left(1 - \frac{1}{2}\right)^{10-9} = \frac{10}{2^{10}} \fallingdotseq 0.00977 $$

となります．統計学では確率の小さいことは起こりにくいと考え，もし起こったならば起こった理由があると考えます．どれくらいを確率が小さいかというと，0.05 がよく用いられ，このような値を**有意水準**といい，α と表します．有意水準には，0.05 以外にも，0.10, 0.01 も用いられます．

仮説検定法では，まず，**帰無仮説**と呼ばれる仮説（H_0 と表します）と**対立仮説**と呼ばれる仮説（H_1 と表します）を設けます．通常，否定したいこと，あるいは，疑問に思っていることを帰無仮説とし，主張したいことを対立仮説とします．上の例では，「コインを10回投げて，表が9回出た」ことから表が出やすくなっているのではないかと考え，

$$ \text{帰無仮説 } \mathrm{H}_0 : p = \frac{1}{2}, \quad \text{対立仮説 } \mathrm{H}_1 : p > \frac{1}{2} $$

とします．ただし，帰無仮説 H_0, 対立仮説 H_1 のどちらかは正しいとし，$p < \frac{1}{2}$ は考えないことにします．次に，帰無仮説 H_0 が正しい，すなわち，$p = \frac{1}{2}$ として議論を始めます．コイン

表 4.1　2 種類の誤りの確率

	H_0 が棄却される	H_0 が棄却されない
H_0 が正しい	第 1 種の誤りの確率	1 −（第 1 種の誤りの確率）
H_1 が正しい	1 −（第 2 種の誤りの確率）	第 2 種の誤りの確率

を 10 回投げて，表の出る回数を X とすると，X は 2 項分布 $\mathrm{B}\left(10, \frac{1}{2}\right)$ に従います．このとき，たとえば

$$W = \{9, 10\} \tag{4.1}$$

とし，X の実現値 x が W に含まれるならば H_0 は棄却され，H_1 であると判断することにします．また，x が W に含まれないならば H_0 は棄却されず，H_0 であるといえないこともないと判断することにします．上の例の x は 9 であることより，H_0 は棄却され，H_1 であると判断されます．つまり，このコインの表の出る確率 p は $\frac{1}{2}$ より大きいと判断されます．

(4.1) の W のような領域を**棄却域**といいます．W を (4.1) のようにする理由は，X の実現値が 9 の場合に H_0 が棄却されるならば，10 の場合にも H_0 が棄却されて当然であろうと考えることによります．H_0 が棄却される場合には H_1 であると判断が明瞭になりますが，H_0 が棄却されない場合には H_0 であるといえないこともないと判断が不明瞭になります．判断が不明瞭になるのは p は $\frac{1}{2}$ とは少し異なるかもしれないという可能性があるためです．したがって，H_0 が棄却されることに意味があり，H_0 が棄却されることを**有意である**ともいいます．このため，検定は**有意性検定**と呼ばれることもあります．また，上の例での X のような仮説検定を行うために用いられる統計量を**検定統計量**と呼びます．

仮説検定には，2 種類の誤りを犯す危険があります．一方を**第 1 種の誤り**といい，他方を**第 2 種の誤り**といいます（表 4.1 参照）．第 1 種の誤りとは，H_0 が正しいにもかかわらず，H_0 が棄却される誤りです．第 2 種の誤りとは，H_1 が正しいにもかかわらず，H_0 が棄却されない誤りです．上の例では，第 1 種の誤りの確率は，H_0 が正しいときに H_0 が棄却される，すなわち，X が 2 項分布 $\mathrm{B}\left(10, \frac{1}{2}\right)$ に従うとき，$X = 9, 10$ となる確率であり，

$$\begin{aligned} \text{第 1 種の誤りの確率} &= {}_{10}\mathrm{C}_9 \left(\frac{1}{2}\right)^9 \left(1 - \frac{1}{2}\right)^{10-9} + {}_{10}\mathrm{C}_{10} \left(\frac{1}{2}\right)^{10} \left(1 - \frac{1}{2}\right)^{10-10} \\ &= \frac{11}{2^{10}} \fallingdotseq 0.0107 \end{aligned}$$

となります．また，第 2 種の誤りの確率は，H_1 が正しいときに H_0 が棄却されない，すなわち，X が 2 項分布 $\mathrm{B}(10, p)$ に従うとき，$X = 0, 1, \ldots, 8$ となる確率であり，

$$\begin{aligned} \text{第 2 種の誤りの確率} &= \sum_{x=0}^{8} {}_{10}\mathrm{C}_x \, p^x (1-p)^{10-x} \\ &= 1 - {}_{10}\mathrm{C}_9 p^9 (1-p)^{10-9} - {}_{10}\mathrm{C}_{10} p^{10} (1-p)^{10-10} \end{aligned} \tag{4.2}$$

となります．ここで，$p > \frac{1}{2}$ です．第 2 種の誤りの確率を数値として求めるためには，実際に

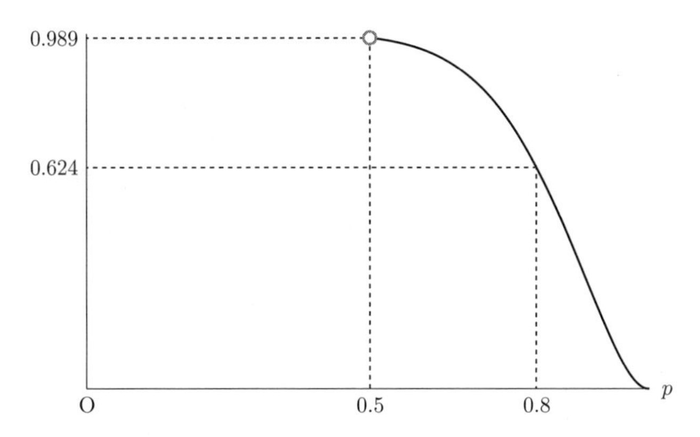

図 4.1 第 2 種の誤りの確率 (4.2) のグラフ

は求めることのできない p の値が必要になってしまいます．第 1 種の誤りの確率は数値として明確に求められますが，第 2 種の誤りの確率は p がわからない限り数値としては求められません．図 4.1 は (4.2) の第 2 種の誤りの確率のグラフです．たとえば，$p = 0.8$ のとき，第 2 種の誤りの確率はおよそ 0.624 となります．

例 4.1

上のコイン投げの例で，棄却域を (4.1) の W より少し大きくした

$$W' = \{8, 9, 10\}$$

について，第 1 種の誤りの確率，第 2 種の誤りの確率を求めてみましょう．第 1 種の誤りの確率は，H_0 が正しいときに H_0 が棄却される，すなわち，X が 2 項分布 $\mathrm{B}\left(10, \frac{1}{2}\right)$ に従うとき，$X = 8, 9, 10$ となる確率であり，

$$\begin{aligned}\text{第 1 種の誤りの確率} &= {}_{10}\mathrm{C}_8 \left(\frac{1}{2}\right)^8 \left(1 - \frac{1}{2}\right)^{10-8} + {}_{10}\mathrm{C}_9 \left(\frac{1}{2}\right)^9 \left(1 - \frac{1}{2}\right)^{10-9} \\ &\quad + {}_{10}\mathrm{C}_{10} \left(\frac{1}{2}\right)^{10} \left(1 - \frac{1}{2}\right)^{10-10} = \frac{56}{2^{10}} \fallingdotseq 0.0547\end{aligned}$$

となります．また，第 2 種の誤りの確率は，H_1 が正しいときに H_0 が棄却されない，すなわち，X が 2 項分布 $\mathrm{B}(10, p)$ に従うとき，$X = 0, 1, \ldots, 7$ となる確率であり，

$$\begin{aligned}\text{第 2 種の誤りの確率} &= \sum_{x=0}^{7} {}_{10}\mathrm{C}_x \, p^x (1-p)^{10-x} \\ &= 1 - {}_{10}\mathrm{C}_8 p^8 (1-p)^{10-8} - {}_{10}\mathrm{C}_9 p^9 (1-p)^{10-9} - {}_{10}\mathrm{C}_{10} p^{10} (1-p)^{10-10}\end{aligned}$$

となります．ここで，$p > \frac{1}{2}$ です．(4.1) の W に比べて，第 1 種の誤りの確率は大きくなり，第 2 種の誤りの確率は小さくなります． □

この例からわかるように，一般に，第1種の誤りの確率が大きく（小さく）なると，第2種の誤りの確率は小さく（大きく）なり，両方を同時に小さくすることはできません．一方を小さくすると，他方は大きくなってしまいます．そこで，仮説検定では，まず，有意水準 α を決め，第1種の誤りの確率をその有意水準 α 以下とし，第2種の誤りの確率ができるだけ小さくなるように棄却域を作ります．言い換えれば，H_1 が正しいときに H_0 が棄却されやすくなるように棄却域を作ります．

一般に，棄却域には，

$$\text{(i) } (-\infty, a] \cup [b, \infty), \quad \text{(ii) } (-\infty, c], \quad \text{(iii) } [d, \infty)$$

の3つの作り方があります．ここで，a, b, c, d は有意水準によって決まる定数です．棄却域が $(-\infty, a] \cup [b, \infty)$ のように2つに分かれて両側にある検定を**両側検定**といいます（図4.2 (i) 参照）．棄却域が片側だけにある検定を**片側検定**，特に，どちら側に棄却域があるかを区別する場合には，棄却域が $(-\infty, c]$ である検定を**左片側検定**，$[d, \infty)$ である検定を**右片側検定**といいます（図4.2 (ii), (iii) 参照）．

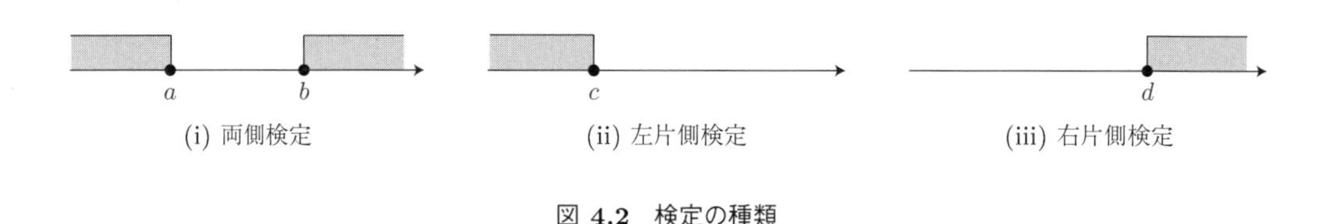

図 4.2　検定の種類

上の2つの例はいずれも右片側検定の例ですが，たとえば，コインの表の出る確率 p が $\frac{1}{2}$ ではないことを主張したい場合には，

$$\text{帰無仮説 } \mathrm{H}_0 : p = \frac{1}{2}, \qquad \text{対立仮説 } \mathrm{H}_1 : p \neq \frac{1}{2}$$

となり，両側検定を用います．その詳細については，4.4節で述べることにします．

ここで，仮説検定の基本的な手順をまとめておきます．

仮説検定の手順

ステップ1 帰無仮説，対立仮説を設け，有意水準 α を決める．

ステップ2 検定統計量の実現値を求める．

ステップ3 棄却域を求める．

ステップ4 帰無仮説が棄却されるかどうかを判定する．

どのような検定統計量を用いるか，また，棄却域の具体的な作り方については 4.2 節以降で考えます．なお，4.2 節以降では，有意水準 α を 0.05 としていますが，有意水準を 0.10 や 0.01 とする場合には，0.05 を 0.10 や 0.01 に置き換えることになります．

4.2 1つの正規分布についての検定

この節では，具体的な仮説検定の方法を順を追って与えていきます．条件として母集団分布に正規分布 $\mathrm{N}(\mu, \sigma^2)$ を仮定し，母平均 μ または母分散 σ^2 についての仮説検定の方法を与えます．

例 4.2

あるスナック菓子は 1 袋の内容量 (g) が 100 と表示されています．ある生産ラインで製造されたスナック菓子からランダムに 40 袋を選び内容量を測ったところ，

$$\text{標本平均 } \bar{x} = 101, \qquad \text{不偏分散 } u_x^2 = 5.8$$

でした．この生産ラインで製造されたスナック菓子 40 袋の標本平均 101 は表示の 100 とあまり違わないように感じます．そこで，母平均に関する仮説検定を行うことによって調べてみましょう．ただし，内容量は正規分布 $\mathrm{N}(\mu, \sigma^2)$ に従っているものとします． □

4.2.1 母平均の検定（母分散は既知の場合）

例 4.2 の母集団はこの生産ラインで製造されたスナック菓子全体で，その内容量に正規分布 $\mathrm{N}(\mu, \sigma^2)$ を仮定しています．母平均 μ が表示の 100 と異なるかどうかを考えてみましょう．このことは母平均 μ について

$$\text{帰無仮説 } \mathrm{H}_0 : \mu = 100, \qquad \text{対立仮説 } \mathrm{H}_1 : \mu \neq 100$$

を検定する問題を考えることになります．

同じような問題にも適用できるように問題を少し一般化すると，μ_0 を例 4.2 での内容量の 100 のようなある特定の値として，

$$\text{帰無仮説 } \mathrm{H}_0 : \mu = \mu_0, \qquad \text{対立仮説 } \mathrm{H}_1 : \mu \neq \mu_0$$

を検定する問題を考えることになります．つまり，主張したいのは「母平均 μ が μ_0 に等しくない」ことで，否定したいのは「母平均 μ が μ_0 に等しい」ことです．この問題に対する検定方法は，3.3 節と同様に母分散 σ^2 が既知か未知かによって違ってきます．

母分散 σ^2 がわかっている場合，帰無仮説 $\mathrm{H}_0 : \mu = \mu_0$ のもとで，3.3.1 節と同様に

$$Z = \sqrt{\frac{n}{\text{母分散}}} \times (\text{標本平均} - \mu_0) \tag{4.3}$$

は標準正規分布 $\mathrm{N}(0,1)$ に従います．ここで，n はデータの個数です．一方，対立仮説 $\mathrm{H}_1: \mu \neq \mu_0$ のもとで，$\mu < \mu_0$ ならば Z は小さくなる傾向があり，$\mu > \mu_0$ ならば Z は大きくなる傾向があることが知られています．このことから，有意水準 0.05 の棄却域は $(-\infty, -1.96] \cup [1.96, \infty)$ となります（図 4.3 (i) 参照）．

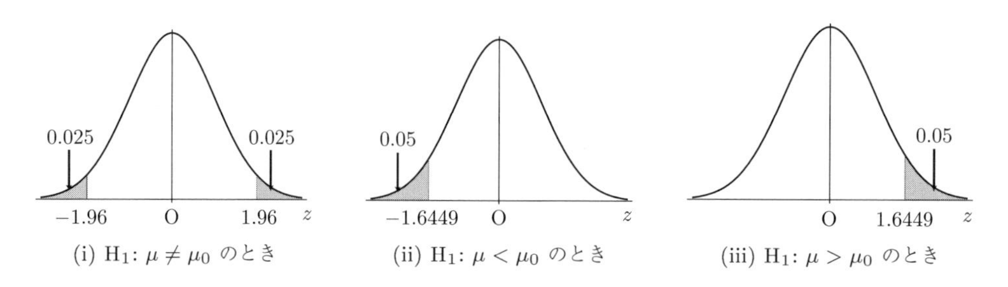

図 4.3 対立仮説と棄却域の関係 (有意水準 0.05 のとき)

公式 4.1 は有意水準 0.05 の両側検定の検定手順です．

公式 4.1

正規分布 $\mathrm{N}(\mu, \sigma^2)$（母分散 σ^2 は既知）について，母平均 μ がある特定の値 μ_0 と異なるかどうか，すなわち，

$$\text{帰無仮説 } \mathrm{H}_0: \mu = \mu_0, \qquad \text{対立仮説 } \mathrm{H}_1: \mu \neq \mu_0$$

を有意水準 0.05 で検定する場合，検定統計量 Z および棄却域 W は

$$Z = \sqrt{\frac{n}{\text{母分散}}} \times (\text{標本平均} - \mu_0), \quad W = (-\infty, -1.96] \cup [1.96, \infty)$$

となります．Z の実現値 z が W に含まれるならば H_0 は棄却され，H_1 であると判断されます．また，z が W に含まれないならば H_0 は棄却されず，H_0 であるといえないこともないと判断されます．

なお，対立仮説が $\mathrm{H}_1: \mu < \mu_0$, $\mathrm{H}_1: \mu > \mu_0$ の場合には，棄却域はそれぞれ $(-\infty, -1.6449]$, $[1.6449, \infty)$ となります（図 4.3 (ii), (iii) 参照）．

例 4.3

例 4.2 のスナック菓子の内容量のデータで検定をしてみましょう．データの個数は $n = 40$，標本平均は $\bar{x} = 101$ でした．さらに，母分散は $\sigma^2 = 5$ であることがわかっているものとします．ここでは，内容量の母平均 μ は 100 と異なるかどうかを問題にしているので，

$$\text{帰無仮説 } \mathrm{H}_0: \mu = 100, \qquad \text{対立仮説 } \mathrm{H}_1: \mu \neq 100$$

となります．Z の実現値 z は

$$z = \sqrt{\frac{40}{5}} \times (101 - 100) \fallingdotseq 2.83$$

となり，有意水準 0.05 の棄却域 W は

$$W = (-\infty, -1.96] \cup [1.96, \infty)$$

となります．Z の実現値 2.83 は棄却域 W に含まれるので，H_0 は棄却されます．つまり，この生産ラインで製造されたスナック菓子の内容量の母平均 μ は 100 と異なると判断されます．□

4.2.2 母平均の検定（母分散は未知の場合）

前節では母分散が既知の場合を考えました．それでは，母分散が未知の場合はどうでしょう．この場合，帰無仮説 $\mathrm{H}_0 : \mu = \mu_0$ のもとで，3.3.2 節と同様に，(4.3) の Z にある母分散を不偏分散に置き換えた

$$T = \sqrt{\frac{n}{\text{不偏分散}}} \times (\text{標本平均} - \mu_0)$$

は自由度 $n-1$ の t 分布に従います．一方，対立仮説 $\mathrm{H}_1 : \mu \neq \mu_0$ のもとで，$\mu < \mu_0$ ならば T は小さくなる傾向があり，$\mu > \mu_0$ ならば T は大きくなる傾向があることが知られています．このことから，有意水準 0.05 の棄却域は $(-\infty, -t_{[n-1]}(0.025)] \cup [t_{[n-1]}(0.025), \infty)$ となります（図 4.4 (i) 参照）．

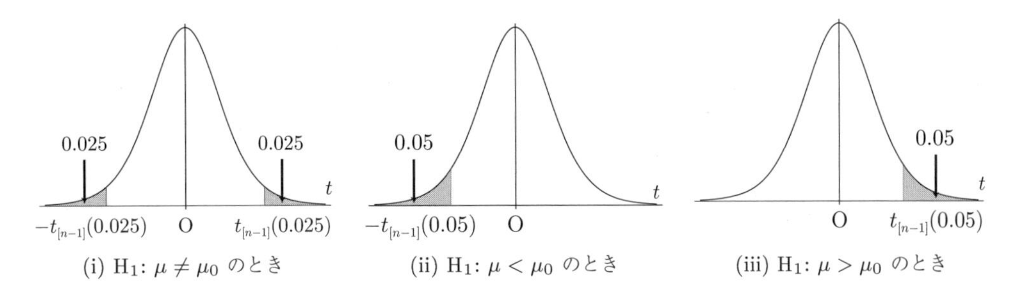

図 4.4 対立仮説と棄却域の関係 (有意水準 0.05 のとき)

公式 4.2 は有意水準 0.05 の両側検定の検定手順です．

公式 4.2

正規分布 $\mathrm{N}(\mu, \sigma^2)$（母分散 σ^2 は未知）について，母平均 μ がある特定の値 μ_0 と異なるかどうか，すなわち，

$$\text{帰無仮説 } \mathrm{H}_0 : \mu = \mu_0, \qquad \text{対立仮説 } \mathrm{H}_1 : \mu \neq \mu_0$$

を有意水準 0.05 で検定する場合，検定統計量 T および棄却域 W は

$$T = \sqrt{\frac{n}{\text{不偏分散}}} \times (\text{標本平均} - \mu_0), \quad W = (-\infty, -t_{[n-1]}(0.025)] \cup [t_{[n-1]}(0.025), \infty)$$

となります．T の実現値 t が W に含まれるならば H_0 は棄却され，H_1 であると判断されます．また，t が W に含まれないならば H_0 は棄却されず，H_0 であるといえないこともないと判断されます．

なお，対立仮説が $\mathrm{H}_1 : \mu < \mu_0$, $\mathrm{H}_1 : \mu > \mu_0$ の場合には，棄却域はそれぞれ $(-\infty, -t_{[n-1]}(0.05)]$, $[t_{[n-1]}(0.05), \infty)$ となります（図 4.4 (ii), (iii) 参照）．

例 4.4

例 4.2 のスナック菓子の内容量のデータについて

$$\text{帰無仮説 } \mathrm{H}_0 : \mu = 100, \qquad \text{対立仮説 } \mathrm{H}_1 : \mu \neq 100$$

を検定してみましょう．今度は既知の母分散 $\sigma^2 = 5$ のかわりに不偏分散 $u_x^2 = 5.8$ を用いて検定を行います．T の実現値 t は

$$t = \sqrt{\frac{40}{5.8}} \times (101 - 100) \fallingdotseq 2.63$$

となります．また，自由度は $40 - 1 = 39$ となるので，有意水準 0.05 の棄却域 W は数表 3 の t 分布表より

$$W = (-\infty, -2.023] \cup [2.023, \infty)$$

となります．やはり T の実現値 2.63 は棄却域 W に含まれるので，H_0 は棄却されます．つまり，この生産ラインで製造されたスナック菓子の内容量の母平均 μ は 100 と異なると判断されます．□

注意 4.1 例 4.3，例 4.4 では，母分散が既知の場合と未知の場合で導かれる結論は同じでしたが，一般には結論が異なることもあります．仮説検定によって何らかの結論を導く場合には，どのような方法をとったか，前提条件は何であるかということが重要な要素となります．

4.2.3 母分散の検定（母平均は未知の場合）

母平均について検定する場合，母分散が既知か未知かで用いる検定統計量が異なっていました．ここでは，母分散について検定する問題を考えます．例 4.2 のスナック菓子の内容量の例で，今度は内容量の母分散 σ^2 は 5 と異なるかどうかについて調べてみましょう．このことは母分散 σ^2 について

$$\text{帰無仮説 } \mathrm{H}_0 : \sigma^2 = 5, \qquad \text{対立仮説 } \mathrm{H}_1 : \sigma^2 \neq 5$$

を検定する問題を考えることになります．

同じような問題にも適用できるように問題を少し一般化すると，σ_0^2 をある特定の値として，

$$帰無仮説\ \mathrm{H}_0 : \sigma^2 = \sigma_0^2, \qquad 対立仮説\ \mathrm{H}_1 : \sigma^2 \neq \sigma_0^2$$

を検定する問題を考えることになります．この問題に対する検定方法は，**3.3.3** 節と同様に母平均 μ が既知か未知かにはそれほど影響を受けないことがわかっています．そのため，ここでは最初から母平均 μ が未知の場合を扱います．

帰無仮説 $\mathrm{H}_0 : \sigma^2 = \sigma_0^2$ のもとで，**3.3.3** 節と同様に

$$Y = (n-1) \times \frac{不偏分散}{\sigma_0^2}$$

は自由度 $n-1$ の χ^2 分布に従います．一方，対立仮説 $\mathrm{H}_1 : \sigma^2 \neq \sigma_0^2$ のもとで，$\sigma^2 < \sigma_0^2$ ならば Y は小さくなる傾向があり，$\sigma^2 > \sigma_0^2$ ならば Y は大きくなる傾向があることが知られています．このことから，有意水準 0.05 の棄却域は $(0, \chi^2_{[n-1]}(0.975)] \cup [\chi^2_{[n-1]}(0.025), \infty)$ となります（図 4.5 (i) 参照）．

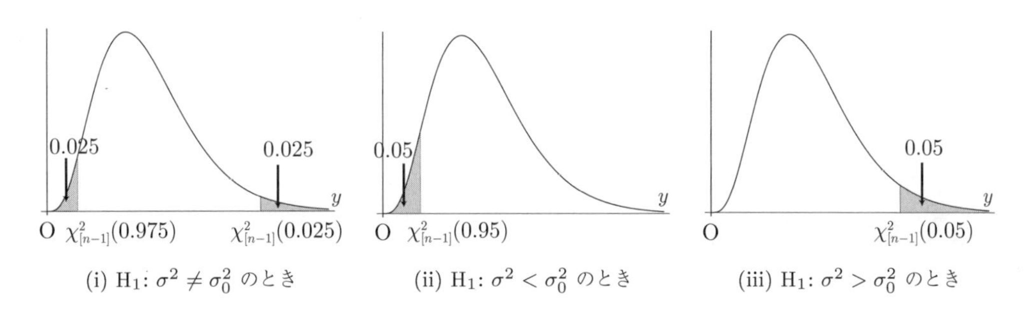

図 4.5 対立仮説と棄却域の関係 (有意水準 0.05 のとき)

公式 4.3 は有意水準 0.05 の両側検定の検定手順です．

公式 4.3

正規分布 $\mathrm{N}(\mu, \sigma^2)$（母平均 μ は未知）について，母分散 σ^2 がある特定の値 σ_0^2 と異なるかどうか，すなわち，

$$帰無仮説\ \mathrm{H}_0 : \sigma^2 = \sigma_0^2, \qquad 対立仮説\ \mathrm{H}_1 : \sigma^2 \neq \sigma_0^2$$

を有意水準 0.05 で検定する場合，検定統計量 Y および棄却域 W は

$$Y = (n-1) \times \frac{不偏分散}{\sigma_0^2}, \quad W = (0, \chi^2_{[n-1]}(0.975)] \cup [\chi^2_{[n-1]}(0.025), \infty)$$

となります．Y の実現値 y が W に含まれるならば H_0 は棄却され，H_1 であると判断されます．また，y が W に含まれないならば H_0 は棄却されず，H_0 であるといえないこともないと判断されます．

なお，対立仮説が $\mathrm{H}_1 : \sigma^2 < \sigma_0^2$, $\mathrm{H}_1 : \sigma^2 > \sigma_0^2$ の場合には，棄却域はそれぞれ $(0, \chi^2_{[n-1]}(0.95)]$, $[\chi^2_{[n-1]}(0.05), \infty)$ となります（図 4.5 (ii), (iii) 参照）．

例 4.5

例 4.2 のスナック菓子の内容量のデータについて

$$\text{帰無仮説 } \mathrm{H}_0 : \sigma^2 = 5, \qquad \text{対立仮説 } \mathrm{H}_1 : \sigma^2 \neq 5$$

を検定してみましょう．Y の実現値 y は

$$y = (40 - 1) \times \frac{5.8}{5} = 45.24$$

となります．また，自由度は $40 - 1 = 39$ となるので，有意水準 0.05 の棄却域 W は数表 4 の χ^2 分布表より

$$W = (0, 23.654] \cup [58.120, \infty)$$

となります．Y の実現値 45.24 は棄却域 W に含まれないので，H_0 は棄却されません．つまり，この生産ラインで製造されたスナック菓子の内容量の母分散 σ^2 は 5 であるといえないこともないと判断されます．□

4.3　2 つの正規分布についての検定

前節では 1 つの正規母集団に関する検定を考えました．本節では 2 つの正規母集団に関する検定を考えます．例をみてみましょう．

例 4.6

ある大学の 1 年生男子 16 人と女子 20 人をランダムに選び，1 日あたりの平均勉強時間（分）について調べた結果，

$$\text{男子学生の標本平均} = 155.0, \quad \text{女子学生の標本平均} = 137.0$$

という値が得られました．標本平均を比べると，男子学生のほうが勉強時間が長いように感じます．そこで，仮説検定を行うことによって，この直感が裏付けられるかどうか調べてみましょう．□

例 4.6 のように男女間の違いや，学校間の違いを問題にする場合などは，母集団が 2 つあると考えます．特にこの節では，正規母集団が 2 つある場合を扱います．一方の母集団（第 1 母集

団）の母平均を μ_1, 母分散を σ_1^2, 他方の母集団（第 2 母集団）の母平均を μ_2, 母分散を σ_2^2 とします．また，第 1 母集団からのデータの個数，標本平均，不偏分散をそれぞれ n_1, 標本平均$_1$, 不偏分散$_1$ とし，第 2 母集団も同様に n_2, 標本平均$_2$, 不偏分散$_2$ とします（図 4.6 参照）．ここで，n_1 と n_2 は同じ場合も違う場合もあります．以下では，このような設定のもとで，母平均または母分散が異なるかどうかを調べることを問題にします．

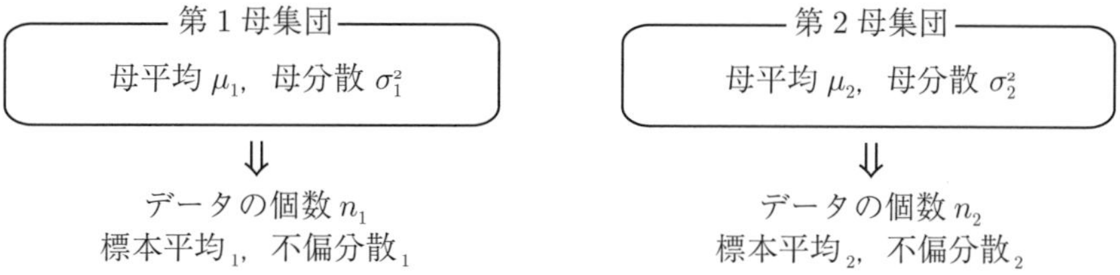

第 1 母集団	第 2 母集団
母平均 μ_1，母分散 σ_1^2	母平均 μ_2，母分散 σ_2^2
⇓	⇓
データの個数 n_1 標本平均$_1$，不偏分散$_1$	データの個数 n_2 標本平均$_2$，不偏分散$_2$

図 4.6 2 つの正規母集団

4.3.1 母平均の差の検定（母分散は既知の場合）

まず，母分散 σ_1^2, σ_2^2 が既知の場合からみていきます．このとき，母平均は異なるかどうか，すなわち，

$$帰無仮説\ \mathrm{H}_0 : \mu_1 = \mu_2, \qquad 対立仮説\ \mathrm{H}_1 : \mu_1 \neq \mu_2$$

を検定する問題を考えます．帰無仮説 $\mathrm{H}_0 : \mu_1 = \mu_2$ のもとで，無作為標本の 標本平均$_1$, 標本平均$_2$ に関して

$$Z = \frac{標本平均_1 - 標本平均_2}{\sqrt{\dfrac{\sigma_1^2}{n_1} + \dfrac{\sigma_2^2}{n_2}}}$$

は標準正規分布 $\mathrm{N}(0,1)$ に従うことが知られています．一方，対立仮説 $\mathrm{H}_1 : \mu_1 \neq \mu_2$ のもとで，$\mu_1 < \mu_2$ ならば Z は小さくなる傾向があり，$\mu_1 > \mu_2$ ならば Z は大きくなる傾向があることが知られています．このことから，有意水準 0.05 の棄却域は $(-\infty, -1.96] \cup [1.96, \infty)$ となります．

公式 4.4 は有意水準 0.05 の両側検定の検定手順です．

公式 4.4

2 つの正規分布 $\mathrm{N}(\mu_1, \sigma_1^2)$, $\mathrm{N}(\mu_2, \sigma_2^2)$ （母分散 σ_1^2, σ_2^2 は既知）について，母平均 μ_1, μ_2 が異なるかどうか，すなわち，

$$帰無仮説\ \mathrm{H}_0 : \mu_1 = \mu_2, \qquad 対立仮説\ \mathrm{H}_1 : \mu_1 \neq \mu_2$$

を有意水準 0.05 で検定する場合，検定統計量 Z および棄却域 W は

$$Z = \frac{\text{標本平均}_1 - \text{標本平均}_2}{\sqrt{\dfrac{\sigma_1^2}{n_1} + \dfrac{\sigma_2^2}{n_2}}}, \quad W = (-\infty, -1.96] \cup [1.96, \infty)$$

となります．Z の実現値 z が W に含まれるならば H_0 は棄却され，H_1 であると判断されます．また，z が W に含まれないならば H_0 は棄却されず，H_0 であるといえないこともないと判断されます．

なお，対立仮説が $\mathrm{H}_1 : \mu_1 < \mu_2$, $\mathrm{H}_1 : \mu_1 > \mu_2$ の場合には，棄却域はそれぞれ $(-\infty, -1.6449]$, $[1.6449, \infty)$ となります．

例 4.7

例 4.6 の勉強時間の例について検定してみましょう．男子学生の標本平均は 155.0, 女子学生の標本平均は 137.0 でした．さらに，母分散は $\sigma_1^2 = \sigma_2^2 = 32.2^2$ であることがわかっているものとします．つまり，男子学生と女子学生の勉強時間はそれぞれ正規分布 $\mathrm{N}(\mu_1, 32.2^2)$, $\mathrm{N}(\mu_2, 32.2^2)$ に従うとものと仮定します．ここでは，男子学生のほうが女子学生より勉強時間が長いのではないかを問題にしているので，

$$\text{帰無仮説 } \mathrm{H}_0 : \mu_1 = \mu_2, \qquad \text{対立仮説 } \mathrm{H}_1 : \mu_1 > \mu_2$$

を検定してみましょう．Z の実現値 z は

$$z = \frac{155.0 - 137.0}{\sqrt{\frac{32.2^2}{16} + \frac{32.2^2}{20}}} \fallingdotseq 1.67$$

となり，有意水準 0.05 の棄却域 W は

$$W = [1.6449, \infty)$$

となります．Z の実現値 1.67 は棄却域 W に含まれるので，H_0 は棄却されます．つまり，男子学生のほうが女子学生より勉強時間が長いと判断されます． □

4.3.2 母平均の差の検定（母分散は未知だが等しい場合）

母分散 σ_1^2, σ_2^2 について何の情報もない場合，検定問題はかなり難しくなります．そこで，母分散 σ_1^2, σ_2^2 の値はわからないけれども等しいことだけは仮定できる，すなわち，$\sigma_1^2 = \sigma_2^2$ の場合を扱います．このとき，

$$\text{帰無仮説 } \mathrm{H}_0 : \mu_1 = \mu_2, \qquad \text{対立仮説 } \mathrm{H}_1 : \mu_1 \neq \mu_2$$

を検定する問題を考えます．この問題に対しては，まず，4.3.3 節にある「等分散性の検定」

を行い，帰無仮説 $H_0 : \sigma_1^2 = \sigma_2^2$ が棄却されないことを確認する必要があります．帰無仮説 $H_0 : \sigma_1^2 = \sigma_2^2$ が棄却される場合には 4.3.4 節にある「ウェルチの方法」を用います．

2つの母集団の母分散が等しいとき，帰無仮説 $H_0 : \mu_1 = \mu_2$ のもとで，無作為標本の 標本平均$_1$, 標本平均$_2$, 不偏分散$_1$, 不偏分散$_2$ に関して

$$T = \sqrt{\frac{n_1 n_2}{n_1 + n_2}} \times \frac{標本平均_1 - 標本平均_2}{U_t}$$

は自由度 $n_1 + n_2 - 2$ の t 分布に従うことが知られています．ここで，

$$U_t = \sqrt{\frac{(n_1 - 1) \times 不偏分散_1 + (n_2 - 1) \times 不偏分散_2}{n_1 + n_2 - 2}}$$

です．一方，対立仮説 $H_1 : \mu_1 \neq \mu_2$ のもとで，$\mu_1 < \mu_2$ ならば T は小さくなる傾向があり，$\mu_1 > \mu_2$ ならば T は大きくなる傾向があることが知られています．このことから，有意水準 0.05 の棄却域は $(-\infty, -t_{[n_1+n_2-2]}(0.025)] \cup [t_{[n_1+n_2-2]}(0.025), \infty)$ となります．

公式 4.5 は有意水準 0.05 の両側検定の検定手順です．

公式 4.5

2つの正規分布 $N(\mu_1, \sigma_1^2)$, $N(\mu_2, \sigma_2^2)$（母分散 σ_1^2, σ_2^2 は未知だが等しい）について，母平均 μ_1, μ_2 が異なるかどうか，すなわち，

$$帰無仮説\ H_0 : \mu_1 = \mu_2, \qquad 対立仮説\ H_1 : \mu_1 \neq \mu_2$$

を有意水準 0.05 で検定する場合，検定統計量 T および棄却域 W は

$$T = \sqrt{\frac{n_1 n_2}{n_1 + n_2}} \times \frac{標本平均_1 - 標本平均_2}{U_t},$$

$$W = (-\infty, -t_{[n_1+n_2-2]}(0.025)] \cup [t_{[n_1+n_2-2]}(0.025), \infty)$$

となります．T の実現値 t が W に含まれるならば H_0 は棄却され，H_1 であると判断されます．また，t が W に含まれないならば H_0 は棄却されず，H_0 であるといえないこともないと判断されます．

なお，対立仮説が $H_1 : \mu_1 < \mu_2$, $H_1 : \mu_1 > \mu_2$ の場合には，棄却域はそれぞれ $(-\infty, -t_{[n_1+n_2-2]}(0.05)]$, $[t_{[n_1+n_2-2]}(0.05), \infty)$ となります．

4.3.3 等分散性の検定

本節では2つの母平均 μ_1, μ_2 は未知とし，母分散 σ_1^2, σ_2^2 は異なるかどうか，すなわち，

$$帰無仮説\ H_0 : \sigma_1^2 = \sigma_2^2, \qquad 対立仮説\ H_1 : \sigma_1^2 \neq \sigma_2^2$$

を検定する問題を考えます．帰無仮説 $\mathrm{H}_0 : \sigma_1^2 = \sigma_2^2$ のもとで，無作為標本の 不偏分散$_1$，不偏分散$_2$ に関して

$$F = \frac{\text{不偏分散}_1}{\text{不偏分散}_2}$$

は**自由度 $(n_1 - 1,\ n_2 - 1)$ の F 分布**という分布に従うことが知られています．一方，対立仮説 $\mathrm{H}_1 : \sigma_1^2 \neq \sigma_2^2$ のもとで，$\sigma_1^2 < \sigma_2^2$ ならば F は小さくなる傾向があり，$\sigma_1^2 > \sigma_2^2$ ならば F は大きくなる傾向があることが知られています．このことから，有意水準 0.05 の棄却域は $(0, F_{n_2-1}^{n_1-1}(0.975)] \cup [F_{n_2-1}^{n_1-1}(0.025), \infty)$ となります．ここで，$F_{n_2-1}^{n_1-1}(0.975)$, $F_{n_2-1}^{n_1-1}(0.025)$ はそれぞれ自由度 (n_1-1, n_2-1) の F 分布の下側 2.5% 点，上側 2.5% 点です．実際に検定をするときには，第 1 母集団と第 2 母集団を入れ替えて F の実現値 f が $f \geq 1$ となるようにします．こうすることによって，下側の領域は省略でき，棄却域は $[F_{n_2-1}^{n_1-1}(0.025), \infty)$ となります（図 4.7 (i) 参照）．ただし，n_1, n_2 はそれぞれ入れ替えられた第 1 母集団，第 2 母集団のデータの個数です．

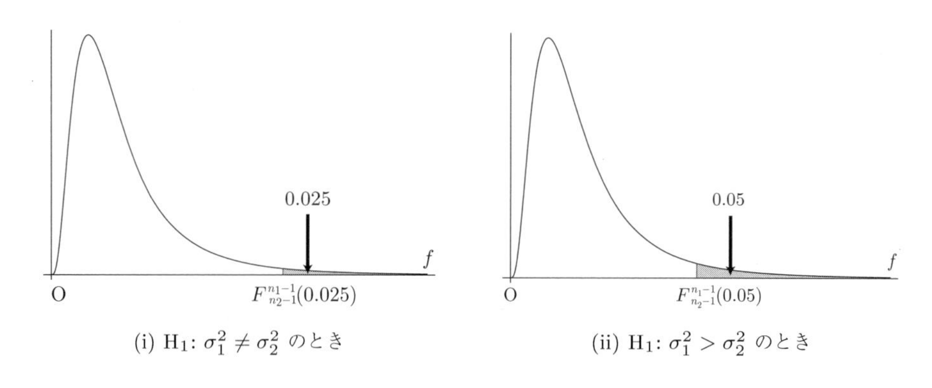

(i) H_1: $\sigma_1^2 \neq \sigma_2^2$ のとき　　(ii) H_1: $\sigma_1^2 > \sigma_2^2$ のとき

図 4.7　対立仮説と棄却域の関係 (有意水準 0.05 のとき)

公式 4.6 は有意水準 0.05 の両側検定の検定手順です．

公式 4.6

2つの正規分布 $\mathrm{N}(\mu_1, \sigma_1^2)$, $\mathrm{N}(\mu_2, \sigma_2^2)$（母平均 μ_1, μ_2 は未知）について，母分散 σ_1^2, σ_2^2 が異なるかどうか，すなわち，

$$\text{帰無仮説 } \mathrm{H}_0 : \sigma_1^2 = \sigma_2^2, \qquad \text{対立仮説 } \mathrm{H}_1 : \sigma_1^2 \neq \sigma_2^2$$

を有意水準 0.05 で検定する場合，検定統計量 F および棄却域 W は

$$F = \frac{\text{不偏分散}_1}{\text{不偏分散}_2}, \quad W = [F_{n_2-1}^{n_1-1}(0.025), \infty)$$

となります．ただし，F の実現値 f は $f \geq 1$ を満足するものとします．f が W に含まれるならば H_0 は棄却され，H_1 であると判断されます．また，f が W に含まれないな

らば H_0 は棄却されず，H_0 であるといえないこともないと判断されます．

なお，対立仮説が $\mathrm{H}_1 : \sigma_1^2 > \sigma_2^2$ の場合には，棄却域は $[F_{n_2-1}^{n_1-1}(0.05), \infty)$ となります（図 4.7 (ii) 参照）．$f \geq 1$ とすることによって，$\mathrm{H}_1 : \sigma_1^2 < \sigma_2^2$ という対立仮説は考えなくてもよいことになります．

例 4.8

例 4.6 の勉強時間の例について検定してみましょう．ここで，男子学生，女子学生の勉強時間はそれぞれ正規分布 $\mathrm{N}(\mu_1, \sigma_1^2)$, $\mathrm{N}(\mu_2, \sigma_2^2)$ に従うものと仮定し，母平均 μ_1, μ_2 は未知とします．また，データより 不偏分散$_1 = 1224$, 不偏分散$_2 = 816$ でした．まずは母分散が異なるかどうか，すなわち，

$$\text{帰無仮説 } \mathrm{H}_0 : \sigma_1^2 = \sigma_2^2, \qquad \text{対立仮説 } \mathrm{H}_1 : \sigma_1^2 \neq \sigma_2^2$$

を検定してみましょう．F の実現値 f は

$$f = \frac{1224}{816} = 1.5 \geq 1$$

となります．また，自由度は $(16-1, 20-1) = (15, 19)$ となるので，有意水準 0.05 の棄却域 W_1 は数表 5.1 の F 分布表より

$$W_1 = [2.617, \infty)$$

となります．F の実現値 1.5 は棄却域 W_1 に含まれないので，H_0 は棄却されません．つまり，母分散が等しいといえないこともないと判断されます．この結果を受けて，母分散は未知だが等しいとして

$$\text{帰無仮説 } \mathrm{H}_0 : \mu_1 = \mu_2, \qquad \text{対立仮説 } \mathrm{H}_1 : \mu_1 > \mu_2$$

を検定してみましょう．U_t の実現値 u_t は

$$u_t = \sqrt{\frac{15 \times 1224 + 19 \times 816}{16 + 20 - 2}} = 2 \times \sqrt{249}$$

となるので，T の実現値 t は

$$t = \sqrt{\frac{16 \times 20}{16 + 20}} \times \frac{155.0 - 137.0}{2 \times \sqrt{249}} \fallingdotseq 1.70$$

となります．また，自由度は $16 + 20 - 2 = 34$ となるので，有意水準 0.05 の棄却域 W_2 は数表 3 の t 分布表より

$$W_2 = [1.691, \infty)$$

となります．T の実現値 1.70 は棄却域 W_2 に含まれるので，H_0 は棄却されます．つまり，男子学生のほうが女子学生より勉強時間が長いと判断されます．　□

4.3.4 母平均の差の検定（母分散は未知だが等しいとは限らない場合）

本節では母分散 σ_1^2, σ_2^2 は未知であり，しかも $\sigma_1^2 = \sigma_2^2$ とは仮定できない場合を考えます．すなわち，4.3.3 節の「等分散性の検定」を行い，帰無仮説 $\mathrm{H}_0 : \sigma_1^2 = \sigma_2^2$ が棄却された場合に対応します．このとき，

$$帰無仮説\ \mathrm{H}_0 : \mu_1 = \mu_2, \qquad 対立仮説\ \mathrm{H}_1 : \mu_1 \neq \mu_2$$

を検定する問題を考えます．この検定問題は**ベーレンス・フィッシャー問題**と呼ばれ，現在までに多くの研究者によって様々な検定方法が提案されています．ここでは，**ウェルチの方法**を紹介しましょう．

帰無仮説 $\mathrm{H}_0 : \mu_1 = \mu_2$ のもとで，無作為標本の $標本平均_1$, $標本平均_2$, $不偏分散_1$, $不偏分散_2$ に関して

$$T = \frac{標本平均_1 - 標本平均_2}{\sqrt{\dfrac{不偏分散_1}{n_1} + \dfrac{不偏分散_2}{n_2}}}$$

は近似的に自由度 ν の t 分布に従うことが知られています．ここで，

$$\nu = \frac{\left(\dfrac{不偏分散_1}{n_1} + \dfrac{不偏分散_2}{n_2}\right)^2}{\dfrac{(不偏分散_1)^2}{n_1^2(n_1-1)} + \dfrac{(不偏分散_2)^2}{n_2^2(n_2-1)}} \tag{4.4}$$

です（ν は“ニュー”と読みます）．一方，対立仮説 $\mathrm{H}_1 : \mu_1 \neq \mu_2$ のもとで，$\mu_1 < \mu_2$ ならば T は小さくなる傾向があり，$\mu_1 > \mu_2$ ならば T は大きくなる傾向があることが知られています．このことから，有意水準 0.05 の棄却域は $(-\infty, -t_{[\nu]}(0.025)] \cup [t_{[\nu]}(0.025), \infty)$ となります．ここで，$t_{[\nu]}(0.025)$ は自由度 ν の t 分布の上側 2.5% 点ですが，(4.4) の自由度 ν は一般に整数ではなく，$t_{[\nu]}(0.025)$ の値を t 分布表（数表 3）から直接求めることはできません．そこで，$t_{[\nu]}(0.025)$ の近似値を次のようにして求めます．まず，$n_S < \nu < n_L$ を満たす t 分布表に載っている最大の整数，最小の整数をそれぞれ n_S, n_L とします．自由度 n_S, n_L の t 分布の上側 2.5% 点をそれぞれ t_S, t_L とし，

$$p = \frac{\nu - n_S}{n_L - n_S} \tag{4.5}$$

とするとき，$t_{[\nu]}(0.025)$ の近似値は

$$t_{[\nu]}(0.025) \fallingdotseq pt_L + (1-p)t_S$$

と線形補間することによって求められます（図 4.8 参照）．

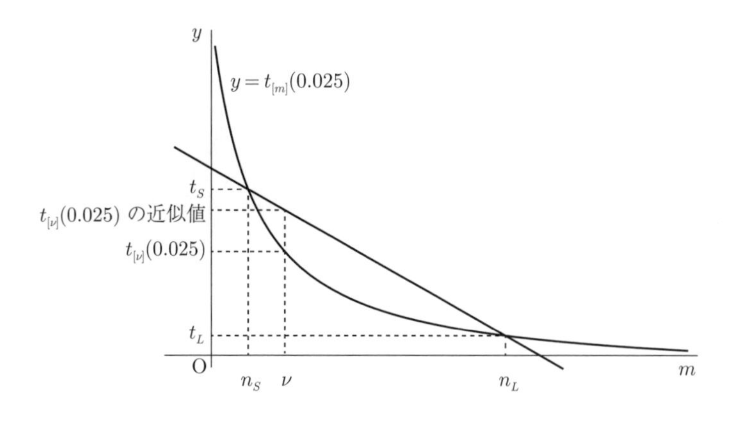

図 **4.8** 線形補間の説明

公式 4.7 は有意水準 0.05 の両側検定の検定手順です．

公式 4.7

2 つの正規分布 $\mathrm{N}(\mu_1, \sigma_1^2)$, $\mathrm{N}(\mu_2, \sigma_2^2)$（母分散 σ_1^2, σ_2^2 は未知だが等しいとは限らない）について，母平均 μ_1, μ_2 が異なるかどうか，すなわち，

$$\text{帰無仮説 } \mathrm{H}_0 : \mu_1 = \mu_2, \qquad \text{対立仮説 } \mathrm{H}_1 : \mu_1 \neq \mu_2$$

を有意水準 0.05 で検定する場合，検定統計量 T および棄却域 W は

$$T = \frac{\text{標本平均}_1 - \text{標本平均}_2}{\sqrt{\dfrac{\text{不偏分散}_1}{n_1} + \dfrac{\text{不偏分散}_2}{n_2}}}, \quad W = (-\infty, -t_{[\nu]}(0.025)] \cup [t_{[\nu]}(0.025), \infty)$$

となります．T の実現値 t が W に含まれるならば H_0 は棄却され，H_1 であると判断されます．また，t が W に含まれないならば H_0 は棄却されず，H_0 であるといえないこともないと判断されます．

なお，対立仮説が $\mathrm{H}_1 : \mu_1 < \mu_2$, $\mathrm{H}_1 : \mu_1 > \mu_2$ の場合には，棄却域はそれぞれ $(-\infty, -t_{[\nu]}(0.05)]$, $[t_{[\nu]}(0.05), \infty)$ となります．

例 4.9

ある大学の 1 年生から自宅通学者 16 人，自宅外通学者 20 人をランダムに選び，1 か月あたりの生活費を除く支出額（万円）についてアンケートをとりました．表 4.2 はその結果です．ただし，金額はそれぞれ正規分布 $\mathrm{N}(\mu_1, \sigma_1^2)$, $\mathrm{N}(\mu_2, \sigma_2^2)$ に従うものと仮定します．自宅通学と自宅外通学で，標本平均の違いはなさそうですが，不偏分散はかなり違っています．検定をしてみるとどうなるでしょう．最初に，

表 4.2 支出に関するアンケート結果

	データの個数	標本平均	不偏分散
自宅通学	16	2.2	2.9
自宅外通学	20	2.4	0.8

$$帰無仮説\ \mathrm{H}_0 : \sigma_1^2 = \sigma_2^2, \qquad 対立仮説\ \mathrm{H}_1 : \sigma_1^2 \neq \sigma_2^2$$

の等分散性の検定を有意水準 0.05 で行ってみましょう．F の実現値 f は

$$f = \frac{2.9}{0.8} \fallingdotseq 3.6 \geq 1$$

となります．また，自由度は $(16-1, 20-1) = (15, 19)$ となるので，有意水準 0.05 の棄却域 W_1 は F 分布表（数表 5.1）より

$$W_1 = [2.617, \infty)$$

となります．F の実現値 3.6 は棄却域 W_1 に含まれるので，H_0 は棄却されます．つまり，$\sigma_1^2 \neq \sigma_2^2$ と判断されます．このことから，ウェルチの方法によって，

$$帰無仮説\ \mathrm{H}_0 : \mu_1 = \mu_2, \qquad 対立仮説\ \mathrm{H}_1 : \mu_1 \neq \mu_2$$

を検定します．T の実現値 t は

$$t = \frac{2.2 - 2.4}{\sqrt{\frac{2.9}{16} + \frac{0.8}{20}}} \fallingdotseq -0.4$$

となります．(4.4) の自由度は

$$\nu = \frac{\left(\frac{2.9}{16} + \frac{0.8}{20}\right)^2}{\frac{2.9^2}{16^2 \times 15} + \frac{0.8^2}{20^2 \times 19}} \fallingdotseq 21.5$$

であるので，$n_S = 21$, $n_L = 22$ です．自由度 21, 22 の t 分布の上側 2.5% 点はそれぞれ $t_S = 2.080$, $t_L = 2.074$ より，(4.5) の p は $p = 21.5 - 21 = 0.5$ となります．これより，

$$t_{[21.5]}(0.025) \fallingdotseq 0.5 \times 2.074 + (1 - 0.5) \times 2.080 = 2.077$$

となり，有意水準 0.05 の棄却域 W_2 は

$$W_2 = (-\infty, -2.077] \cup [2.077, \infty)$$

となります．T の実現値 -0.4 は棄却域 W_2 に含まれないので，H_0 は棄却されません．つまり，自宅通学と自宅外通学で支出額が等しいといえないこともないと判断されます． □

4.3.5 対応があるデータの母平均の差の検定

本節では，たとえば，各学生の右目の視力と左目の視力を比べたい場合，いくつかの地点で

のある年の最高気温と前年の最高気温を比べたい場合など，観測値の間に自然な対応がある場合を考えることにします．データは対（つい）としてとられていて，対応する観測値間の差を改めて1つのデータとみなすと，本質的には1つの母集団の問題として扱うことができます．

例 4.10

表4.3はランダムに選んだ15人の学生の1か月あたりの収入と支出（万円）に関するデータです．ここで，収入と支出はそれぞれ正規分布 $\mathrm{N}(\mu_1, \sigma_1^2)$, $\mathrm{N}(\mu_2, \sigma_2^2)$ に従うものと仮定します．

表 4.3　例 4.10 の収入と支出

収入	2	2	2	5	3	1	1	6	5	2	2	6.5	5	4	5
支出	2	1.5	1.5	3	3	1	1	2	5	1	2	3.5	2	4	4
収入 − 支出	0	0.5	0.5	2	0	0	0	4	0	1	0	3	3	0	1

常識的に言って，入ったお金以上に使うことはできませんから，同じ人の収入と支出には関係があると思われます．収入と支出の差が表4.3の最下段の値です．これらの差を改めてデータとみなすと，1つの母集団の問題として扱うことができ，公式4.2を適用することができます．□

例4.10のように，それぞれのデータ間に自然な対応がある場合は，第1母集団のデータから第2母集団のデータを引いた差を考えます．ただし，データの対の個数を n とし，母分散 σ_1^2, σ_2^2 は未知とします．このとき，母平均は異なるかどうか，すなわち，

$$\text{帰無仮説 } \mathrm{H}_0 : \mu_1 = \mu_2, \qquad \text{対立仮説 } \mathrm{H}_1 : \mu_1 \neq \mu_2$$

を検定する問題を考えます．

帰無仮説 $\mathrm{H}_0 : \mu_1 = \mu_2$ のもとで，4.2.2節と同様に

$$T = \sqrt{\frac{n}{\text{差の不偏分散}}} \times \text{差の標本平均}$$

は自由度 $n-1$ の t 分布に従います．一方，対立仮説 $\mathrm{H}_1 : \mu_1 \neq \mu_2$ のもとで，$\mu_1 < \mu_2$ ならば T は小さくなる傾向があり，$\mu_1 > \mu_2$ ならば T は大きくなる傾向があることが知られています．このことから，有意水準0.05の棄却域は $(-\infty, -t_{[n-1]}(0.025)] \cup [t_{[n-1]}(0.025), \infty)$ となります．差をとることによって，個体差に基づくばらつきを除去した比較ができると考えられるのです．

公式4.8は有意水準0.05の両側検定の検定手順です．

公式 4.8

2つの対応がある正規分布 $\mathrm{N}(\mu_1, \sigma_1^2)$, $\mathrm{N}(\mu_2, \sigma_2^2)$（母分散 σ_1^2, σ_2^2 は未知）について，母平均 μ_1, μ_2 が異なるかどうか，すなわち，

$$\text{帰無仮説 } \mathrm{H}_0 : \mu_1 = \mu_2, \qquad \text{対立仮説 } \mathrm{H}_1 : \mu_1 \neq \mu_2$$

を有意水準 0.05 で検定する場合，検定統計量 T および棄却域 W は

$$T = \sqrt{\frac{n}{\text{差の不偏分散}}} \times \text{差の標本平均}, \quad W = (-\infty, -t_{[n-1]}(0.025)] \cup [t_{[n-1]}(0.025), \infty)$$

となります．T の実現値 t が W に含まれるならば H_0 は棄却され，H_1 であると判断されます．また，t が W に含まれないならば H_0 は棄却されず，H_0 であるといえないこともないと判断されます．

なお，対立仮説が $\mathrm{H}_1 : \mu_1 < \mu_2$, $\mathrm{H}_1 : \mu_1 > \mu_2$ の場合には，棄却域はそれぞれ $(-\infty, -t_{[n-1]}(0.05)]$, $[t_{[n-1]}(0.05), \infty)$ となります．

例 4.11

例 4.10 の収入と支出の例について検定してみましょう．ここでは，収入の範囲内に支出をおさえているかどうかを問題にしているので，

$$\text{帰無仮説 } \mathrm{H}_0 : \mu_1 = \mu_2, \qquad \text{対立仮説 } \mathrm{H}_1 : \mu_1 > \mu_2$$

を検定します．対応するデータ間の差の標本平均は 1.0, 不偏分散は 1.8 となるので，T の実現値 t は

$$t = \sqrt{\frac{15}{1.8}} \times 1.0 \fallingdotseq 2.9$$

となります．また，自由度は $15 - 1 = 14$ となるので，有意水準 0.05 の棄却域 W は t 分布表（数表 3）より

$$W = [1.761, \infty)$$

となります．T の実現値 2.9 は棄却域 W に含まれるので，H_0 は棄却されます．つまり，収入のほうが支出より多いと判断されます． □

4.2 節，4.3 節の正規分布に関する検定を巻末にまとめてあります．

4.4 2 項分布についての検定

前節までは，母集団分布に正規分布を仮定した検定方法をみてきました．本節では，母集団分布に 2 項分布を仮定し，母比率に関する検定問題を扱います．

4.4.1 母比率の検定

工場の生産ラインでの不良品の発生率や機械の故障率など，ある事柄が起こる比率を知りたい場合を考えます．同じ実験を n 回繰り返し，対象となる事柄が起こった場合に 1, 起こらな

かった場合に 0 をあてはめると，各回の結果は 2 項分布 $\mathrm{B}(1,p)$ に従います．このとき，母比率 p について，

$$帰無仮説\ \mathrm{H}_0 : p = p_0, \qquad 対立仮説\ \mathrm{H}_1 : p \neq p_0$$

を検定する問題を考えます．ここで，p_0 はある特定の値とします．

データの個数 n が大きいとき，中心極限定理より，帰無仮説 $\mathrm{H}_0 : p = p_0$ のもとで，

$$Z = \sqrt{\frac{n}{p_0(1-p_0)}} \times (標本平均 - p_0)$$

は近似的に標準正規分布 $\mathrm{N}(0,1)$ に従います（2.12 節参照）．一方，対立仮説 $\mathrm{H}_1 : p \neq p_0$ のもとで，$p < p_0$ ならば Z は小さくなる傾向があり，$p > p_0$ ならば Z は大きくなる傾向があることが知られています．このことから，有意水準 0.05 の棄却域は $(-\infty, -1.96] \cup [1.96, \infty)$ となります．ただし，検定における近似の条件は

$$np_0 \geq 5 \quad かつ \quad n(1-p_0) \geq 5 \tag{4.6}$$

です．

公式 4.9 は有意水準 0.05 の両側検定の検定手順です．

公式 4.9

2 項分布 $\mathrm{B}(1,p)$ について，母比率 p がある特定の値 p_0 と異なるかどうか，すなわち，

$$帰無仮説\ \mathrm{H}_0 : p = p_0, \qquad 対立仮説\ \mathrm{H}_1 : p \neq p_0$$

を有意水準 0.05 で検定する場合，検定統計量 Z および棄却域 W は

$$Z = \sqrt{\frac{n}{p_0(1-p_0)}} \times (標本平均 - p_0), \quad W = (-\infty, -1.96] \cup [1.96, \infty)$$

となります．Z の実現値 z が W に含まれるならば H_0 は棄却され，H_1 であると判断されます．また，z が W に含まれないならば H_0 は棄却されず，H_0 であるといえないこともないと判断されます．

なお，対立仮説が $\mathrm{H}_1 : p < p_0$, $\mathrm{H}_1 : p > p_0$ の場合には，棄却域はそれぞれ $(-\infty, -1.6449]$, $[1.6449, \infty)$ となります．

例 4.12

新入生から 80 人をランダムに選び，大阪府出身かどうかを尋ねたところ，47 人が大阪府出身でした．それまでの大学全体の大阪府出身の割合はおよそ 30% です．この年の新入生の大阪府出身の母比率 p はこれまでの大学全体の割合に比べ高いかどうか，つまり，

$$\text{帰無仮説 } \mathrm{H}_0 : p = 0.3, \qquad \text{対立仮説 } \mathrm{H}_1 : p > 0.3$$

を検定してみましょう．データの個数は $n = 80$, 標本平均は $\bar{x} = \frac{47}{80}$ です．

$$80 \times 0.3 = 24 \geq 5, \quad 80 \times (1 - 0.3) = 56 \geq 5$$

であるので，検定における近似の条件 (4.6) を満足していることがわかります．Z の実現値 z は

$$z = \sqrt{\frac{80}{0.3 \times (1 - 0.3)}} \times \left(\frac{47}{80} - 0.3 \right) \fallingdotseq 5.6$$

となり，有意水準 0.05 の棄却域 W は

$$W = [1.6449, \infty)$$

となります．Z の実現値 5.6 は棄却域 W に含まれるので，H_0 は棄却されます．つまり，この年の新入生の大阪府出身の比率はそれまでの大学全体の割合に比べて高いと判断されます．□

4.4.2 2つの母比率の差の検定

本節では工場の2つの異なる生産ラインでの不良品の発生率の違いや2つのメーカーの製品間での故障率の違いなど，比率の違いを調べたい場合を考えます．つまり，4.3節のように母集団が2つあり，母集団分布がそれぞれ2項分布 $\mathrm{B}(1, p_1)$, $\mathrm{B}(1, p_2)$ の場合です．データの個数をそれぞれ n_1, n_2 として，標本平均をそれぞれ 標本平均_1, 標本平均_2 とします．このとき，母比率 p_1, p_2 について，

$$\text{帰無仮説 } \mathrm{H}_0 : p_1 = p_2, \qquad \text{対立仮説 } \mathrm{H}_1 : p_1 \neq p_2$$

を検定する問題を考えます．

データの個数 n_1, n_2 が大きいとき，中心極限定理より，帰無仮説 $\mathrm{H}_0 : p_1 = p_2$ のもとで，無作為標本の 標本平均_1, 標本平均_2 に関して

$$Z = \frac{\text{標本平均}_1 - \text{標本平均}_2}{\sqrt{\hat{p}(1 - \hat{p}) \left(\frac{1}{n_1} + \frac{1}{n_2} \right)}}$$

は近似的に標準正規分布 $\mathrm{N}(0, 1)$ に従うことが知られています．ここで，$\hat{p}$ は H_0 のもとでの母比率 $p_1 = p_2$ の推定値

$$\hat{p} = \frac{n_1 \times \text{標本平均}_1 + n_2 \times \text{標本平均}_2}{n_1 + n_2}$$

です．一方，対立仮説 $\mathrm{H}_1 : p_1 \neq p_2$ のもとで，$p_1 < p_2$ ならば Z は小さくなる傾向があり，$p_1 > p_2$ ならば Z は大きくなる傾向があることが知られています．このことから，有意水準

0.05 の棄却域は $(-\infty, -1.96] \cup [1.96, \infty)$ となります．ただし，検定における近似の条件は

$$n_1\hat{p} \geq 5, \quad n_1(1-\hat{p}) \geq 5, \quad n_2\hat{p} \geq 5, \quad n_2(1-\hat{p}) \geq 5 \tag{4.7}$$

のすべてが成り立つことです．

公式 4.10 は有意水準 0.05 の両側検定の検定手順です．

公式 4.10

2 つの 2 項分布 $\mathrm{B}(1, p_1)$, $\mathrm{B}(1, p_2)$ について，母比率 p_1, p_2 が異なるかどうか，すなわち，

$$\text{帰無仮説 } \mathrm{H}_0 : p_1 = p_2, \qquad \text{対立仮説 } \mathrm{H}_1 : p_1 \neq p_2$$

を有意水準 0.05 で検定する場合，検定統計量 Z および棄却域 W は

$$Z = \frac{\text{標本平均}_1 - \text{標本平均}_2}{\sqrt{\hat{p}(1-\hat{p})\left(\dfrac{1}{n_1} + \dfrac{1}{n_2}\right)}}, \quad W = (-\infty, -1.96] \cup [1.96, \infty)$$

となります．Z の実現値 z が W に含まれるならば H_0 は棄却され，H_1 であると判断されます．また，z が W に含まれないならば H_0 は棄却されず，H_0 であるといえないこともないと判断されます．

なお，対立仮説が $\mathrm{H}_1 : p_1 < p_2$, $\mathrm{H}_1 : p_1 > p_2$ の場合には，棄却域はそれぞれ $(-\infty, -1.6449]$, $[1.6449, \infty)$ となります．

例 4.13

A 地域と B 地域に住む 50 代の男性からそれぞれ 1500 人をランダムに選び，BMI[注 11] $(\mathrm{kg/m^2})$ が 25 以上（肥満）に分類される人の割合を調査しました．その結果，A 地域では 26%, B 地域では 32% でした．A 地域より B 地域のほうが肥満である人の割合が高いかどうかを有意水準 0.05 で検定してみましょう．A 地域と B 地域において，肥満である人の母比率をそれぞれ p_1, p_2 とし，

$$\text{帰無仮説 } \mathrm{H}_0 : p_1 = p_2, \qquad \text{対立仮説 } \mathrm{H}_1 : p_1 < p_2$$

を検定します．$n_1 = n_2 = 1500$, $\text{標本平均}_1 = 0.26$, $\text{標本平均}_2 = 0.32$ より，$\hat{p}$ は

$$\hat{p} = \frac{1500 \times 0.26 + 1500 \times 0.32}{1500 + 1500} = 0.29$$

となります．また，

$$n_1\hat{p} = n_2\hat{p} = 435 \geq 5, \quad n_1(1-\hat{p}) = n_2(1-\hat{p}) = 1065 \geq 5$$

注 11) BMI とは 体重/(身長)^2 であり肥満であるかどうかを表す指標です．

となり，検定における近似の条件 (4.7) を満足していることがわかります．Z の実現値 z は

$$z = \frac{0.26 - 0.32}{\sqrt{0.29 \times (1 - 0.29) \times \left(\frac{1}{1500} + \frac{1}{1500}\right)}} \fallingdotseq -3.62$$

となり，有意水準 0.05 の棄却域 W は

$$W = (-\infty, -1.6449]$$

となります．Z の実現値 -3.62 は棄却域 W に含まれるので，H_0 は棄却されます．つまり，B 地域における肥満の割合は A 地域より高いと判断されます． □

4.5 適合度検定

4.2 節，4.3 節では，母集団分布に正規分布を仮定してきました．しかし，この仮定が満たされているかどうかについては問題にしていませんでした．ここでは，母集団分布がたとえば正規分布のような，ある特別な分布に従っているかどうかを検定する問題を考えることにします．より一般的には，データがいくつかの事象に分類されているときに，それぞれの事象に含まれる度数について何らかの仮説が考えられる場合を扱います．たとえば，表 4.4 はある離島の島民から 80 人をランダムに選び血液型を尋ねた結果です．このデータにおいて，O 型など 1 つの血液型に注目するのではなく，血液型の人数の比が日本人全体の比

$$\mathrm{A} : \mathrm{B} : \mathrm{O} : \mathrm{AB} = 38 : 22 : 30 : 10$$

に等しいかどうかを調べたいような場合です．

表 4.4 血液型調査の結果

血液型	A	B	O	AB	合計
人数	30	18	27	5	80

データが k 個の事象 $A_1, A_2, \ldots, A_k$ に分類されているとしましょう．事象 A_i が起こる確率を p_i, すなわち $p_i = \Pr(A_i)$ $(i = 1, 2, \ldots, k)$ とおきます．データは k 個の事象に分類されているので，個々のデータは $A_1, A_2, \ldots, A_k$ のうちのどれか 1 つにだけ必ず含まれます．よって，$p_1 + p_2 + \cdots + p_k = 1$ となります．このとき，

$$\text{帰無仮説 } \mathrm{H}_0 : p_i = p_{i0} \ (i = 1, 2, \ldots, k), \qquad \text{対立仮説 } \mathrm{H}_1 : \mathrm{H}_0 \text{ の否定}$$

を検定する問題を考えます．ただし，p_{i0} $(i = 1, 2, \ldots, k)$ はある特定の値とします．また，「H_0 の否定」は「$p_i \neq p_{i0}$ となる i がある」を意味します．血液型の例では，A, B, O, AB 型である確率を順に p_1, p_2, p_3, p_4 とすると，

$$帰無仮説\ \mathrm{H}_0 : p_1 = 0.38,\ p_2 = 0.22,\ p_3 = 0.30,\ p_4 = 0.10, \qquad 対立仮説\ \mathrm{H}_1 : \mathrm{H}_0\ の否定$$

を検定する問題を考えることになります．

データの個数を n, それぞれの事象に含まれる度数（**観測度数**といいます）を

$$O_1, \quad O_2, \quad \ldots, \quad O_k$$

とおきます．このとき，$O_1 + O_2 + \cdots + O_k = n$ が成り立ちます．データの個数 n が大きいとき，帰無仮説 $\mathrm{H}_0 : p_i = p_{i0}$ $(i = 1, 2, \ldots, k)$ のもとで，無作為標本の観測度数に関して

$$\chi^2 = \frac{(O_1 - E_1)^2}{E_1} + \frac{(O_2 - E_2)^2}{E_2} + \cdots + \frac{(O_k - E_k)^2}{E_k}$$

は近似的に自由度 $k - 1$ の χ^2 分布に従うことが知られています．ここで，

$$E_i = np_{i0} \quad (i = 1, 2, \ldots, k)$$

は**期待度数**と呼ばれ，H_0 が正しいときに期待されるそれぞれの事象に含まれる度数です．$p_{10} + p_{20} + \cdots + p_{k0} = 1$ より $E_1 + E_2 + \cdots + E_k = n$ が成り立ちます．一方，対立仮説 H_1 のもとで，χ^2 は大きくなる傾向があることが知られています．このことから，有意水準が 0.05 の棄却域は $[\chi^2_{[k-1]}(0.05), \infty)$ となります．ただし，検定における近似の条件は

$$E_i \geq 5 \quad (i = 1, 2, \ldots, k) \tag{4.8}$$

が成り立つことです．このような検定を**適合度検定**，または **χ^2 適合度検定**といいます．検定における近似の条件 (4.8) が満たされていない，すなわち，ある j について $E_j < 5$ であるときは，それを含むいくつかの事象を 1 つにまとめて (4.8) が満たされるようにします．

公式 4.11 は事象の個数が k の場合の有意水準 0.05 の検定手順です．

公式 4.11

$$帰無仮説\ \mathrm{H}_0\text{: } p_i = p_{i0} \quad (i = 1, 2, \ldots, k), \qquad 対立仮説\ \mathrm{H}_1\text{: } \mathrm{H}_0\ の否定$$

を有意水準 0.05 で検定する場合，検定統計量 χ^2 および棄却域 W は

$$\chi^2 = \frac{(O_1 - E_1)^2}{E_1} + \frac{(O_2 - E_2)^2}{E_2} + \cdots + \frac{(O_k - E_k)^2}{E_k}, \quad W = [\chi^2_{[k-1]}(0.05), \infty)$$

となります．χ^2 の実現値が W に含まれるならば H_0 は棄却され，H_1 であると判断されます．また，χ^2 の実現値が W に含まれないならば H_0 は棄却されず，H_0 であるといえないこともないと判断されます．

例 4.14

血液型の例について

$$帰無仮説\ \mathrm{H}_0 : p_1 = 0.38,\ p_2 = 0.22,\ p_3 = 0.30,\ p_4 = 0.10, \qquad 対立仮説\ \mathrm{H}_1 : \mathrm{H}_0\ の否定$$

を検定してみましょう．データの個数は $n = 80$ であるので，期待度数はそれぞれ

$$30.4, \quad 17.6, \quad 24.0, \quad 8.0$$

となります（表 4.5 参照）．

表 4.5 血液型の例の観測度数と期待度数

	A	B	O	AB	合計
観測度数	30	18	27	5	80
期待度数	30.4	17.6	24.0	8.0	80

このことから検定における近似の条件 (4.8) を満足していることがわかります．検定統計量 χ^2 の実現値は

$$\chi^2 = \frac{(30-30.4)^2}{30.4} + \frac{(18-17.6)^2}{17.6} + \frac{(27-24.0)^2}{24.0} + \frac{(5-8.0)^2}{8.0} \fallingdotseq 1.51$$

となります．また，自由度は $4-1=3$ となるので，有意水準 0.05 の棄却域 W は χ^2 分布表（数表 4）より

$$W = [7.815, \infty)$$

となります．χ^2 の実現値 1.51 は棄却域 W に含まれないことから，H_0 は棄却されません．つまり，血液型の人数の比が $\mathrm{A} : \mathrm{B} : \mathrm{O} : \mathrm{AB} = 38 : 22 : 30 : 10$ といえないこともないと判断されます． □

例 4.15

厚紙で作ったサイコロを 50 回投げて表 4.6 の観測度数を得ました．このサイコロは正常なもの（どの目が出やすいとか出にくいということはないという意味）といえるかどうかを有意水準 0.05 で検定してみましょう．データの個数は $n = 50$, 事象の個数は $k = 6$ です．各目の出る確率は異なるかどうか，すなわち，

$$帰無仮説\ \mathrm{H}_0 : 各目の出る確率は\ \frac{1}{6}, \qquad 対立仮説\ \mathrm{H}_1 : \mathrm{H}_0\ の否定$$

についての適合度検定を行います．このとき，対応する期待度数は表 4.6 のようになり，検定における近似の条件 (4.8) を満足していることがわかります．

表 4.6 サイコロ投げの結果

出た目	1	2	3	4	5	6	合計
観測度数	4	13	3	11	7	12	50
期待度数	$\frac{25}{3}$	$\frac{25}{3}$	$\frac{25}{3}$	$\frac{25}{3}$	$\frac{25}{3}$	$\frac{25}{3}$	50

検定統計量 χ^2 の実現値は

$$\chi^2 = \frac{(4-\frac{25}{3})^2}{\frac{25}{3}} + \frac{(13-\frac{25}{3})^2}{\frac{25}{3}} + \frac{(3-\frac{25}{3})^2}{\frac{25}{3}} + \frac{(11-\frac{25}{3})^2}{\frac{25}{3}} + \frac{(7-\frac{25}{3})^2}{\frac{25}{3}} + \frac{(12-\frac{25}{3})^2}{\frac{25}{3}} = 10.96$$

となります．また，自由度は $6-1=5$ となるので，有意水準 0.05 の棄却域 W は χ^2 分布表（数表 4）より

$$W = [11.070, \infty)$$

となります．χ^2 の実現値 10.96 は棄却域 W に含まれないことから，H_0 は棄却されません．つまり，このサイコロは正常なものといえないこともないと判断されます． □

例 4.16

ある大学の 1 年生全体に数学の試験（100 点満点）を行い，試験を受けた人の中からランダムに 100 人を選んだ結果，表 4.7 の観測度数を得ました．

表 4.7 数学の試験結果と期待度数

事象	A_1	A_2	A_3	A_4	A_5	A_6	A_7	A_8	合計
観測度数	9	6	10	16	19	17	12	11	100
期待度数	6.68	9.19	14.98	19.15	19.15	14.98	9.19	6.68	100

試験の得点の母集団分布は正規分布であるかどうかを検定してみましょう．ここで，20 点未満の得点をとるという事象を A_1, 20 点以上 30 点未満の得点をとるという事象を $A_2, \ldots,$ 70 点以上 80 点未満の得点をとるという事象を A_7, 80 点以上の得点をとるという事象を A_8 としています．過去の試験の結果などから，母平均は 50, 母分散は 20^2 ということがわかっているとします．データの個数は $n = 100$, 事象の個数は $k = 8$ として，

帰無仮説 H_0 : 母集団分布は正規分布 $\mathrm{N}(50, 20^2)$ である，　対立仮説 $\mathrm{H}_1 : \mathrm{H}_0$ の否定

についての適合度検定を行います．まず，帰無仮説 H_0 が正しいと仮定します．つまり，試験の点数 X は正規分布 $\mathrm{N}(50, 20^2)$ に従うものと仮定します．このとき，$Z = \frac{X-50}{20}$ は標準正規分布 $\mathrm{N}(0, 1)$ に従うので，正規分布表（数表 1）より

$$\Pr(X < 20) = \Pr\left(\frac{X-50}{20} < \frac{20-50}{20}\right) = \Pr(Z < -1.5) = 0.0668$$

が得られます．同様にして，

$$\Pr(20 \leq X < 30) = 0.0919, \quad \Pr(30 \leq X < 40) = 0.1498, \quad \Pr(40 \leq X < 50) = 0.1915$$

が得られます．さらに，公式 2.7 (2) より

$$\Pr(50 \leq X < 60) = 0.1915, \ \Pr(60 \leq X < 70) = 0.1498,$$
$$\Pr(70 \leq X < 80) = 0.0919, \ \Pr(80 \leq X) = 0.0668$$

が得られます（図 4.9 参照）．これらより，対応する期待度数は表 4.7 のようになり，検定における近似の条件 (4.8) を満足していることがわかります．検定統計量 χ^2 の実現値は

$$\chi^2 = \frac{(9-6.68)^2}{6.68} + \frac{(6-9.19)^2}{9.19} + \frac{(10-14.98)^2}{14.98} + \cdots + \frac{(11-6.68)^2}{6.68} \fallingdotseq 7.95$$

となります．また，自由度は $8-1=7$ となるので，有意水準 0.05 の棄却域 W は χ^2 分布表（数表 4）より

$$W = [14.067, \infty)$$

となります．χ^2 の実現値 7.95 は棄却域 W に含まれないことから，H_0 は棄却されません．つまり，この試験の得点分布は正規分布 $\mathrm{N}(50, 20^2)$ であるといえないこともないと判断されます． □

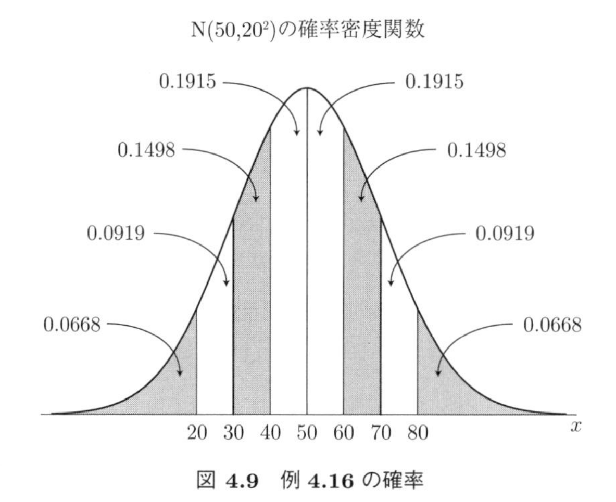

図 4.9　例 4.16 の確率

注意 4.2 例 4.16 では，母数（母平均と母分散）の値がわかっている場合を扱いました．母数の値がわからない場合は，その推定値で代用します．その際，近似で用いられる χ^2 分布の自由度は推定した母数の個数だけ下がります．たとえば，例 4.16 で母平均と母分散にそれぞれ標本平均と不偏分散を用いた場合には，自由度は $8-1-2=5$ となります．

4.6 独立性の検定

1.9 節で考えた独立性の問題を今度は検定問題として扱ってみることにしましょう．ある食堂で値段と味についてアンケートをとりました．表 4.8 はその結果です．このとき，値段と味の間には関係があると判断されるでしょうか．ここで，同じような問題にも適用できるように，問題を一般化しておきましょう．2 つの特性 A と B の関係を考えます．特性 A に関する事象を $A_1, A_2, \ldots, A_r$ とし，特性 B に関する事象を $B_1, B_2, \ldots, B_s$ とします．n 回の独立な実験を行い，表 4.9 が得られたとします．これは 1.8 節で出てきたクロス集計表，または 2×2 分割表の拡張になります．ここで，n_{ij} は事象 $A_i \cap B_j$ に含まれる観測度数です．また，

$$n_{i\cdot} = \sum_{j=1}^{s} n_{ij} \quad (i = 1, 2, \ldots, r), \quad n_{\cdot j} = \sum_{i=1}^{r} n_{ij} \quad (j = 1, 2, \ldots, s), \quad n = \sum_{i=1}^{r} \sum_{j=1}^{s} n_{ij}$$

です．このとき，知りたいのは，2 つの特性 A と B に関係があるかどうか，すなわち，A と B は独立でないかどうかです．検定したい仮説として，

$$\text{帰無仮説 } \mathrm{H}_0 : A \text{ と } B \text{ は独立である}, \qquad \text{対立仮説 } \mathrm{H}_1 : A \text{ と } B \text{ は独立でない}$$

を考えます．

$$p_{ij} = \Pr(A_i \cap B_j)$$

とし，

$$p_{i\cdot} = \Pr(A_i), \quad p_{\cdot j} = \Pr(B_j)$$

とすると，

$$\text{帰無仮説 } \mathrm{H}_0 : p_{ij} = p_{i\cdot} p_{\cdot j} \ (i = 1, 2, \ldots, r; j = 1, 2, \ldots, s), \qquad \text{対立仮説 } \mathrm{H}_1 : \mathrm{H}_0 \text{ の否定}$$

表 4.8 食堂でのアンケート結果

値段＼味	美味しい	普通	まずい	計
安い	7	10	7	24
普通	15	23	7	45
高い	5	11	15	31
計	27	44	29	100

表 4.9 一般のクロス集計表

A ＼ B	B_1	B_2	$\cdots$	B_s	計
A_1	n_{11}	n_{12}	$\cdots$	n_{1s}	$n_{1\cdot}$
A_2	n_{21}	n_{22}	$\cdots$	n_{2s}	$n_{2\cdot}$
$\vdots$	$\vdots$	$\vdots$	$\ddots$	$\vdots$	$\vdots$
A_r	n_{r1}	n_{r2}	$\cdots$	n_{rs}	$n_{r\cdot}$
計	$n_{\cdot 1}$	$n_{\cdot 2}$	$\cdots$	$n_{\cdot s}$	n

と書くことができます．

データの個数 n が大きいとき，帰無仮説 H_0 のもとで，無作為標本の観測度数に関して

$$\chi^2 = \sum_{i=1}^{r} \sum_{j=1}^{s} \frac{(n_{ij} - e_{ij})^2}{e_{ij}} \tag{4.9}$$

は近似的に自由度 $(r-1)(s-1)$ の χ^2 分布に従うことが知られています．一方，対立仮説 H_1 のもとで，χ^2 は大きくなる傾向があることが知られています．このことから，有意水準 0.05 の棄却域は $[\chi^2_{[(r-1)(s-1)]}(0.05), \infty)$ となります．ここで，

$$e_{ij} = n \cdot \frac{n_{i\cdot}}{n} \cdot \frac{n_{\cdot j}}{n} = \frac{n_{i\cdot} n_{\cdot j}}{n}$$

は独立期待度数であり，検定における近似の条件は

$$e_{ij} \geq 5 \qquad (i = 1, 2, \ldots, r; j = 1, 2, \ldots, s) \tag{4.10}$$

が成り立つことです．

注意 4.3 特に $r = s = 2$ のとき，(4.9) の χ^2 および棄却域 W は

$$\chi^2 = \frac{n(n_{11}n_{22} - n_{12}n_{21})^2}{n_{1\cdot}n_{2\cdot}n_{\cdot 1}n_{\cdot 2}}, \qquad W = [3.841, \infty) \tag{4.11}$$

となります．1.9 節で出てきた基準値 3.841 とは自由度 1 の χ^2 分布の上側 5% 点だったわけです．なお，6.635 は自由度 1 の χ^2 分布の上側 1% 点です．

公式 4.12 は，有意水準 0.05 の検定手順です．

公式 4.12

2 つの特性 A と B が独立ではないかどうか，すなわち

帰無仮説 H_0 : A と B は独立である，　　対立仮説 H_1 : A と B は独立でない

を有意水準 0.05 で検定する場合，検定統計量 χ^2 および棄却域 W は

$$\chi^2 = \sum_{i=1}^{r} \sum_{j=1}^{s} \frac{(n_{ij} - e_{ij})^2}{e_{ij}}, \quad W = [\chi^2_{[(r-1)(s-1)]}(0.05), \infty)$$

となります．χ^2 の実現値が W に含まれるならば H_0 は棄却され，H_1 であると判断されます．また，χ^2 の実現値が W に含まれないならば H_0 は棄却されず，H_0 であるといえないこともないと判断されます．

例 4.17

表 4.8 の食堂の値段と味について検定してみましょう．「安い」，「普通」，「高い」という事象をそれぞれ A_1, A_2, A_3,「美味しい」，「普通」，「まずい」という事象をそれぞれ B_1, B_2, B_3 とし，

帰無仮説 $\mathrm{H}_0 : A$ と B は独立である，　対立仮説 $\mathrm{H}_1 : A$ と B は独立でない

を有意水準 0.05 で検定します．まず，独立期待度数は

$$e_{11} = \frac{27 \times 24}{100} = 6.48, \quad e_{12} = \frac{44 \times 24}{100} = 10.56, \quad e_{13} = \frac{29 \times 24}{100} = 6.96,$$
$$e_{21} = \frac{27 \times 45}{100} = 12.15, \quad e_{22} = \frac{44 \times 45}{100} = 19.8, \quad e_{23} = \frac{29 \times 45}{100} = 13.05,$$
$$e_{31} = \frac{27 \times 31}{100} = 8.37, \quad e_{32} = \frac{44 \times 31}{100} = 13.64, \quad e_{33} = \frac{29 \times 31}{100} = 8.99$$

となり，検定における近似の条件 (4.10) を満足していることがわかります．検定統計量 χ^2 の実現値は

$$\chi^2 = \frac{(7-6.48)^2}{6.48} + \frac{(10-10.56)^2}{10.56} + \cdots + \frac{(15-8.99)^2}{8.99} \fallingdotseq 9.9$$

となります．また，自由度は $(3-1) \times (3-1) = 4$ となるので，有意水準 0.05 の棄却域 W は χ^2 分布表（数表 4）より

$$W = [9.488, \infty)$$

となります．χ^2 の実現値 9.9 は棄却域 W に含まれるので，H_0 は棄却されます．つまり，値段と味の間には関係があると判断されます． □

以降，$r = s = 2$ の場合を考えます．公式 4.12 は検定における近似の条件 (4.10) を満たしている必要があります．それでは (4.10) を満たしていない場合はどうすればよいでしょうか．このような場合，**フィッシャーの直接確率法**を適用すればよいことが知られています．2 つの特性 A と B が独立である場合，表 4.10 において，$n_{1\cdot}$, $n_{2\cdot}$, $n_{\cdot 1}$, $n_{\cdot 2}$ および n を固定したという条件のもとで，観測度数が $n_{11}, n_{12}, n_{21}, n_{22}$ となる条件付き確率は

$$\frac{n_{1\cdot}!n_{2\cdot}!n_{\cdot 1}!n_{\cdot 2}!}{n!n_{11}!n_{12}!n_{21}!n_{22}!} \tag{4.12}$$

によって与えられることが知られています．このことを利用します．具体的な適用方法は次の例で説明します．

表 4.10 $r = s = 2$ の場合のクロス集計表

$A \diagdown B$	B_1	B_2	計
A_1	n_{11}	n_{12}	$n_{1\cdot}$
A_2	n_{21}	n_{22}	$n_{2\cdot}$
計	$n_{\cdot 1}$	$n_{\cdot 2}$	n

例 4.18

表 4.11 は，あるサッカーチームのホームとアウェイの勝敗表です．

表 4.11 ホームとアウェイの勝敗表（観測度数）

	勝	負	計
ホーム	9	3	12
アウェイ	4	4	8
計	13	7	20

表 4.12 ホームとアウェイの勝敗表（独立期待度数）

	勝	負	計
ホーム	7.8	4.2	12
アウェイ	5.2	2.8	8
計	13	7	20

表 4.13 ホームとアウェイの勝敗表（計を固定）

	勝	負	計
ホーム	n_{11}	n_{12}	12
アウェイ	n_{21}	n_{22}	8
計	13	7	20

このデータでは，ホームで 9 勝 3 敗，アウェイで 4 勝 4 敗となっていますが，ホームのほうがアウェイより勝ちやすいかどうか，すなわち，

帰無仮説 H_0：ホーム・アウェイと勝敗とは関係がない，
対立仮説 H_1：ホームのほうがアウェイより勝ちやすい

を有意水準 0.05 で検定してみましょう．最初に，独立期待度数は，

$$e_{11} = \frac{12 \times 13}{20} = 7.8, \quad e_{12} = \frac{12 \times 7}{20} = 4.2,$$

$$e_{21} = \frac{8 \times 13}{20} = 5.2, \quad e_{22} = \frac{8 \times 7}{20} = 2.8$$

となります（表 4.12 参照）．表 4.11 と表 4.12 の対応する 4 つの度数を比較し，独立期待度数より大きい（小さい）観測度数に注目します．次に，その観測度数よりも大きく（小さく）なる観測度数を求め，表 4.13 における観測度数のパターン $n_{11}, n_{12}, n_{21}, n_{22}$ を求めます．ただし，表 4.11 の計の値は固定します．この例では，ホームの勝ち数の観測度数が 9，独立期待度数が 7.8 であることより，ホームの勝ち数が 10, 11, 12 となる 3 つの観測度数のパターン（図 4.10 の (b), (c), (d)）を求め，表 4.11 のパターン（図 4.10 の (a)）と合わせて，4 つの観測度数のパターンを考えます．(b), (c), (d) は (a) よりホームのほうが勝ちやすい状況であると考えられ，ここで，(a), (b), (c), (d) の起こる確率を考えます．それらの確率は (4.12) を用いて計算され，その和 P は

$$P = \frac{12!8!13!7!}{20!}\left(\frac{1}{9!3!4!4!} + \frac{1}{10!2!3!5!} + \frac{1}{11!1!2!6!} + \frac{1}{12!0!1!7!}\right) \fallingdotseq 0.251$$

となります．この P の値が有意水準 0.05 より小さいかどうかで H_0 が棄却されるかどうかが

$$\begin{array}{|cc|}\hline n_{11} & n_{12} \\ n_{21} & n_{22} \\ \hline\end{array} \Rightarrow \underset{(a)}{\begin{array}{|cc|}\hline 9 & 3 \\ 4 & 4 \\ \hline\end{array}} \quad \underset{(b)}{\begin{array}{|cc|}\hline 10 & 2 \\ 3 & 5 \\ \hline\end{array}} \quad \underset{(c)}{\begin{array}{|cc|}\hline 11 & 1 \\ 2 & 6 \\ \hline\end{array}} \quad \underset{(d)}{\begin{array}{|cc|}\hline 12 & 0 \\ 1 & 7 \\ \hline\end{array}}$$

図 4.10 4 つの観測度数のパターン (例 4.18)

決まります．$P \fallingdotseq 0.251$ は 0.05 より大きいので，H_0 は棄却されません．つまり，このデータからはホーム・アウェイと勝敗とは関係がないといえないこともないと判断されます．なお，図 4.10 の 4 つの観測度数のパターンに対する (4.11) の χ^2 の値が表 4.14 にあります．(a), (b), (c), (d) の順に χ^2 の値は大きくなり，ホームで勝ちやすい状況であればあるほど，χ^2 の値は大きくなっています． □

表 4.14　4 つの観測度数のパターンの χ^2 の値

	(a)	(b)	(c)	(d)
χ^2 の値	1.32	4.43	9.38	16.15

章末問題 4

問題 4.1 コインを 5 回投げる実験で，表が出た回数を X とし，1 回投げて表が出る確率を p とします．

$$\text{帰無仮説 } \mathrm{H}_0 :\ p = \frac{1}{2}, \qquad \text{対立仮説 } \mathrm{H}_1 :\ p > \frac{1}{2}$$

の検定に対して，棄却域を

$$W = \{5\}$$

とするとき，以下の問いに答えなさい．

(1) 第 1 種の誤りの確率を求めなさい．

(2) 特に $p = \frac{2}{3}$ としたとき，第 2 種の誤りの確率を求めなさい．

問題 4.2 ある学年からランダムに選んだ 10 人の男子学生の身長（cm）は

$$177,\ \ 175,\ \ 173,\ \ 181,\ \ 175,\ \ 168,\ \ 174,\ \ 185,\ \ 173,\ \ 179$$

でした．この学年の男子の身長は正規分布 $\mathrm{N}(\mu, 5^2)$ に従っているものと仮定します．このとき，母平均 μ が 172 と異なるかどうか，すなわち，

$$\text{帰無仮説 } \mathrm{H}_0 : \mu = 172, \qquad \text{対立仮説 } \mathrm{H}_1 : \mu \neq 172$$

を有意水準 0.05 で検定しなさい．

問題 4.3 ある学年からランダムに選んだ 10 人の男子学生の体重（kg）は

$$57,\ \ 85,\ \ 60,\ \ 71,\ \ 58,\ \ 62,\ \ 62,\ \ 67,\ \ 60,\ \ 58$$

でした．この学年の男子の体重は正規分布 $\mathrm{N}(\mu, \sigma^2)$ に従っているものと仮定します．ただし，母分散 σ^2 は未知とします．このとき，母平均 μ が 60 と異なるかどうか，すなわち，

$$\text{帰無仮説 } \mathrm{H}_0 : \mu = 60, \qquad \text{対立仮説 } \mathrm{H}_1 : \mu \neq 60$$

を有意水準 0.05 で検定しなさい．

問題 4.4 ある学年からランダムに選んだ 10 人の女子学生の身長（cm）は

$$158,\ \ 168,\ \ 159,\ \ 159,\ \ 159,\ \ 158,\ \ 162,\ \ 160,\ \ 158,\ \ 159$$

でした．この学年の女子の身長は正規分布 $\mathrm{N}(\mu, \sigma^2)$ に従っているものと仮定します．このとき，母分散 σ^2 が 25 と異なるかどうか，すなわち，

$$帰無仮説\ \mathrm{H}_0 : \sigma^2 = 25, \qquad 対立仮説\ \mathrm{H}_1 : \sigma^2 \neq 25$$

を有意水準 0.05 で検定しなさい.

問題 4.5 ある場所で採取した岩石 10 個について金の含有量 (mmg) を測定し，標本 1 を得ました．別の場所で採取した岩石 10 個についても，金の含有量 (mmg) を測定し，標本 2 を得ました．

$$標本 1 : \quad 3,\ 0,\ 4,\ 3,\ 1,\ 0,\ 1,\ 1,\ 1,\ 2,$$
$$標本 2 : \quad 1,\ 5,\ 0,\ 0,\ 1,\ 2,\ 2,\ 3,\ 2,\ 3.$$

標本 1 の母集団分布は $\mathrm{N}(\mu_1, 1.5^2)$, 標本 2 の母集団分布は $\mathrm{N}(\mu_2, 1.5^2)$ とします．このとき，母平均 μ_1, μ_2 が異なるかどうか，すなわち，

$$帰無仮説\ \mathrm{H}_0 : \mu_1 = \mu_2, \qquad 対立仮説\ \mathrm{H}_1 : \mu_1 \neq \mu_2$$

を有意水準 0.05 で検定しなさい.

問題 4.6 問題 4.5 のデータについて以下の問いに答えなさい．ただし，標本 1 の母集団分布は $\mathrm{N}(\mu_1, \sigma_1^2)$, 標本 2 の母集団分布は $\mathrm{N}(\mu_2, \sigma_2^2)$ とします．

(1) 母分散 σ_1^2, σ_2^2 が異なるかどうか，すなわち，

$$帰無仮説\ \mathrm{H}_0 : \sigma_1^2 = \sigma_2^2, \qquad 対立仮説\ \mathrm{H}_1 : \sigma_1^2 \neq \sigma_2^2$$

を有意水準 0.05 で検定しなさい.

(2) $\sigma_1^2 = \sigma_2^2$ を仮定して，母平均 μ_1, μ_2 が異なるかどうか，すなわち，

$$帰無仮説\ \mathrm{H}_0 : \mu_1 = \mu_2, \qquad 対立仮説\ \mathrm{H}_1 : \mu_1 \neq \mu_2$$

を有意水準 0.05 で検定しなさい.

問題 4.7 ある薬の体重 (kg) に与える影響を調べるため，10 人の成人男性に協力してもらい，その薬を 1 週間服用し続けてもらいました．次の表は服用前と服用後に体重を測定した結果です．

前	61.5	62.8	65.8	64.2	59.6	55.4	67.2	58.5	60.7	74.3
後	61.6	65.9	68.2	66.2	62.6	58.5	66.5	61.0	62.1	76.4

服用前と後での体重は正規分布に従っているものと仮定します．ただし，母平均をそれぞれ μ_1, μ_2 とし，母分散 σ_1^2, σ_2^2 は未知とします．このとき，服用前と後で体重が変化したかどうか，すなわち，

$$帰無仮説\ \mathrm{H}_0 : \mu_1 = \mu_2, \qquad 対立仮説\ \mathrm{H}_1 : \mu_1 \neq \mu_2$$

を有意水準 0.05 で検定しなさい.

問題 4.8 あるボタンを 16 回投げてみたところ，表が 12 回出ました．このとき，このボタンの表の出る確率 p は 0.5 より大きいかどうか，すなわち，

$$\text{帰無仮説 } \mathrm{H}_0 : p = 0.5, \qquad \text{対立仮説 } \mathrm{H}_1 : p > 0.5$$

を有意水準 0.05 で検定しなさい．

問題 4.9 ある国の拳銃保持者 300 人に拳銃保持の理由を尋ねたところ，120 人が「保身のため」と答えました．一方，別の国で拳銃保持者 200 人に拳銃保持の理由を尋ねたところ，114 人が「保身のため」と答えました．両国での拳銃保持の理由が保身のためであるという人の母比率をそれぞれ p_1, p_2 とするとき，母比率 p_1, p_2 が異なるかどうか，すなわち，

$$\text{帰無仮説 } \mathrm{H}_0 : p_1 = p_2, \qquad \text{対立仮説 } \mathrm{H}_1 : p_1 \neq p_2$$

を有意水準 0.05 で検定しなさい．

問題 4.10 紙で正四面体を作り，各面に 1 から 4 の数字を順に記入しました．この正四面体を 100 回転がして下の面にある数字を記録し，次の表を得ました．

数字	1	2	3	4	合計
回数	22	33	14	31	100

このとき，

$$\text{帰無仮説 } \mathrm{H}_0 : \text{各数字の出る確率は } \frac{1}{4}, \qquad \text{対立仮説 } \mathrm{H}_1 : \mathrm{H}_0 \text{ の否定}$$

を有意水準 0.05 で検定しなさい．

問題 4.11 ある食べ物の嗜好には性別による違いがみられるかどうかを調査しました．次の表はランダムに選ばれた 200 人についての調査結果です．

性別＼食べ物の嗜好	好き	嫌い	計
男性	40	60	100
女性	70	30	100
計	110	90	200

性別とこの食べ物の嗜好との独立性，すなわち，

$$\text{帰無仮説 } \mathrm{H}_0 : \text{性別とこの食べ物の嗜好は独立である,}$$
$$\text{対立仮説 } \mathrm{H}_1 : \text{性別とこの食べ物の嗜好は独立でない}$$

を有意水準 0.05 で検定しなさい．

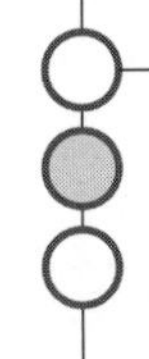

第5章 分散分析

いくつかの母集団からのデータには母集団の違いと観測誤差が含まれています．この章では，このようなデータを用いて，母集団の違いを調べる問題を考えます．ただし，母集団は正規母集団とします．

5.1 1元配置法

まず，次の問題を考えてみましょう．3 種類の機械 A_1, A_2, A_3 によりある食品を製造しているとします．これらの機械が製造する食品内の小麦の含有量 (g) を調べたところ，表 5.1 が得られました．

表 5.1　小麦の含有量

機械	小麦の含有量					標本平均
A_1	25	25	21	28	16	23
A_2	15	14	23	23	20	19
A_3	31	27	39	23	30	30

このとき，小麦の含有量に関して，これら 3 種類の機械の間に差はあるのでしょうか？ 3 種類ではなく，2 種類の機械の間に差があるかどうかを調べるためには，4.3 節の「2 つの正規分布についての検定」を用いることができます．それでは，機械が 3 種類に増えた場合はどうすればよいでしょうか？このように 3 つ以上の正規母集団の間に差があるかどうかを調べるためには**分散分析**と呼ばれる統計的手法を用います．

同じような問題にも適用できるように，3 つの正規母集団に対して，次のような表で問題を考えていきましょう．

因子	データ				標本平均
A_1	x_{11}	x_{12}	$\cdots$	x_{1n_1}	$\bar{x}_1$
A_2	x_{21}	x_{22}	$\cdots$	x_{2n_2}	$\bar{x}_2$
A_3	x_{31}	x_{32}	$\cdots$	x_{3n_3}	$\bar{x}_3$

ここで，A_1, A_2, A_3 の標本平均はそれぞれ

$$\bar{x}_1 = \frac{1}{n_1}\left(x_{11} + x_{12} + \cdots + x_{1n_1}\right), \quad \bar{x}_2 = \frac{1}{n_2}\left(x_{21} + x_{22} + \cdots + x_{2n_2}\right),$$

$$\bar{x}_3 = \frac{1}{n_3}(x_{31} + x_{32} + \cdots + x_{3n_3})$$

です．問題は

A_1, A_2, A_3 の間に差があるかどうか

ということになります．語句の整理を行っておきましょう．問題となっている機械のようなものを一般に**因子**と呼び，ここでは因子 A と表します．また，3 種類の機械 A_1, A_2, A_3 を因子 A の**水準**と呼びます．分散分析のうち，特に 1 つの因子について，各水準の影響を調べる実験方法を **1 元配置法**と呼びます．

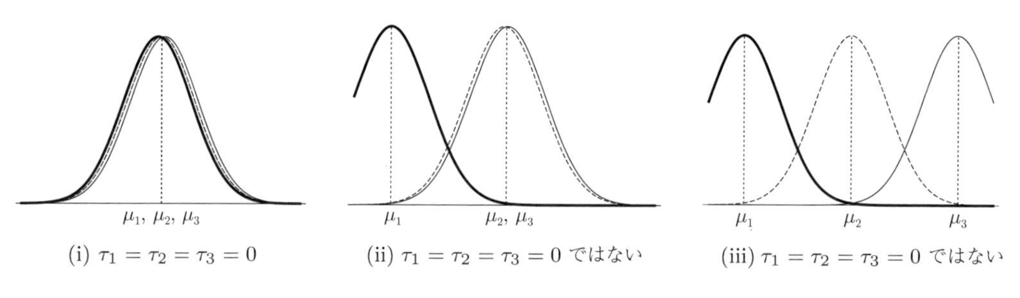

図 5.1　3 つの正規母集団のイメージ

いま，水準 A_1 に関するデータ $x_{11}, x_{12}, \ldots, x_{1n_1}$ は母平均 μ_1, 母分散 σ^2 の正規母集団 $\mathrm{N}(\mu_1, \sigma^2)$ から得られ，水準 A_2 に関するデータ $x_{21}, x_{22}, \ldots, x_{2n_2}$ は母平均 μ_2, 母分散 σ^2 の正規母集団 $\mathrm{N}(\mu_2, \sigma^2)$ から得られ，また，水準 A_3 に関するデータ $x_{31}, x_{32}, \ldots, x_{3n_3}$ は母平均 μ_3, 母分散 σ^2 の正規母集団 $\mathrm{N}(\mu_3, \sigma^2)$ から得られたとしましょう．ここで，水準 A_1 から水準 A_3 までのデータの個数の総和を n とします．つまり，$n = n_1 + n_2 + n_3$ です．また，母平均 μ_i $(i = 1, 2, 3)$ は $\mu_i = \mu + \tau_i$ と表されているものとし，μ は**一般平均**と呼ばれ，

$$\mu = \frac{n_1\mu_1 + n_2\mu_2 + n_3\mu_3}{n}$$

です（τ は“タウ”と読みます）．さらに，τ_i は水準 A_i の**効果**と呼ばれ，$n_1\tau_1 + n_2\tau_2 + n_3\tau_3 = 0$ を満足します．これらより，データ x_{ij} $(i = 1, 2, 3; j = 1, 2, \ldots, n_i)$ を

データ ＝ 一般平均 ＋ 水準の効果 ＋ 観測誤差

と考えます．ここで，σ^2 は観測誤差のばらつきを表し，未知とします．以上より，いま考えている問題は各水準の効果の間に差があるかどうか，すなわち

帰無仮説 $\mathrm{H}_0 : \tau_1 = \tau_2 = \tau_3 = 0$,　　対立仮説 $\mathrm{H}_1 : \mathrm{H}_0$ の否定

を検定する問題になります（図 5.1 参照）．この問題は次の 5 つのステップによって解くことができます．

ステップ 1: データの個数の総和とデータ全体の標本平均を求めます.

$$n = n_1 + n_2 + n_3, \qquad \bar{x} = \frac{1}{n}(n_1\bar{x}_1 + n_2\bar{x}_2 + n_3\bar{x}_3)$$

そして, **分散分析表**と呼ばれる次の表の「自由度」の部分を埋めます.

変動因	平方和	自由度	平均平方	F 値
因子 A		2		
観測誤差		$n-3$		–
全体		$n-1$	–	–

ここで,「全体」の自由度は $n-1$ となります.「因子 A」の自由度は 2 となりますが, これは因子 A の水準の個数が 3 であり, 3 から 1 を引いて, $3-1=2$ と求めます. また,「観測誤差」の自由度は $(n-1)-2=n-3$ と求めます[注12].

ステップ 2: ステップ 1 で求めた $n, \bar{x}$ を用いて, **全変動** (SS_T), **級間平方和** (SS_B), **級内平方和** (SS_W) と呼ばれる平方和を求めます.

$$\begin{aligned} SS_T &= \sum_{i=1}^{n_1}(x_{1i}-\bar{x})^2 + \sum_{i=1}^{n_2}(x_{2i}-\bar{x})^2 + \sum_{i=1}^{n_3}(x_{3i}-\bar{x})^2, \\ SS_B &= n_1(\bar{x}_1-\bar{x})^2 + n_2(\bar{x}_2-\bar{x})^2 + n_3(\bar{x}_3-\bar{x})^2, \\ SS_W &= \sum_{i=1}^{n_1}(x_{1i}-\bar{x}_1)^2 + \sum_{i=1}^{n_2}(x_{2i}-\bar{x}_2)^2 + \sum_{i=1}^{n_3}(x_{3i}-\bar{x}_3)^2. \end{aligned}$$

ただし,

$$\text{全変動} = \text{級間平方和} + \text{級内平方和}$$

となることに注意しておきます. この関係から, 全変動, 級間平方和を求めて, 級内平方和は

$$\text{級内平方和} = \text{全変動} - \text{級間平方和} \tag{5.1}$$

として求めます. そして, 分散分析表の「平方和」の部分を埋めます.

変動因	平方和	自由度	平均平方	F 値
因子 A	SS_B	2		
観測誤差	SS_W	$n-3$		–
全体	SS_T	$n-1$	–	–

ステップ 3: ステップ 2 で求めた級間平方和と級内平方和を用いて, 平均平方

$$S_B = \frac{\text{級間平方和}}{2} = \frac{SS_B}{2}, \quad S_W = \frac{\text{級内平方和}}{n-3} = \frac{SS_W}{n-3} \tag{5.2}$$

を求め, 分散分析表の「平均平方」の部分を埋めます.

注 12) 一般に因子 A の水準の個数が l の場合,「全体」の自由度は $n-1$,「因子 A」の自由度は $l-1$,「観測誤差」の自由度は $(n-1)-(l-1)=n-l$ となります.

変動因	平方和	自由度	平均平方	F 値
因子 A	SS_B	2	S_B	
観測誤差	SS_W	$n-3$	S_W	–
全体	SS_T	$n-1$	–	–

ステップ 4: データを無作為標本と考えると，ステップ 3 の S_B, S_W は確率変数となり，帰無仮説 H_0 のもと，検定統計量

$$F = \frac{S_B}{S_W} \tag{5.3}$$

は自由度 $(2, n-3)$ の F 分布に従うことが知られています[注 13)]．ステップ 3 で求めた S_B と S_W より，F の実現値

$$f = \frac{S_B}{S_W} \tag{5.4}$$

を求め，分散分析表の「F 値」の部分を埋めます．(5.3) と (5.4) の右辺の S_B, S_W は同じ記号を用いていますが，(5.3) では確率変数を表し，(5.4) ではその実現値を表しています．同じような記法が 5.3 節，5.4 節にもありますので注意してください．

変動因	平方和	自由度	平均平方	F 値
因子 A	SS_B	2	S_B	f
観測誤差	SS_W	$n-3$	S_W	–
全体	SS_T	$n-1$	–	–

ステップ 5: 有意水準 0.05 のとき，棄却域 W は

$$W = [F^2_{n-3}(0.05), \infty)$$

になります．したがって，F の実現値 f が棄却域 W に含まれるとき，帰無仮説 H_0 は棄却され，対立仮説 H_1 であると判断されます．たとえば，$n = 15$ のときは，自由度 $(2, 12)$ の F 分布の上側 5% 点は数表 5.2 より $F^2_{12}(0.05) = 3.885$ であるので，棄却域 W は

$$W = [3.885, \infty)$$

となります．

以上のことを公式 5.1 としてまとめておきます．

公式 5.1 (データの個数の和 n が 15 の場合)

帰無仮説 $\mathrm{H}_0 : \tau_1 = \tau_2 = \tau_3 = 0$,　　対立仮説 $\mathrm{H}_1 : \mathrm{H}_0$ の否定

を有意水準 0.05 で検定する場合，検定統計量 F および棄却域 W は

$$F = \frac{S_B}{S_W}, \quad W = [3.885, \infty)$$

注 13) 一般に因子 A の水準の個数が l の場合，帰無仮説 H_0 のもと，F は自由度 $(l-1, n-l)$ の F 分布に従います．

となります．F の実現値 f が W に含まれるならば H_0 は棄却され，H_1 であると判断されます．また，f が W に含まれないならば H_0 は棄却されず，H_0 であるといえないことないと判断されます．

例 5.1

表 5.1 のデータに対して，有意水準 0.05 で分散分析を行ってみましょう．

ステップ 1: 次を求めます．

$$n = 5 + 5 + 5 = 15, \quad \bar{x} = \frac{1}{15} \times (5 \times 23 + 5 \times 19 + 5 \times 30) = 24.$$

そして，次の分散分析表の「自由度」の部分を埋めます．

変動因	平方和	自由度	平均平方	F 値
因子 A		2		
観測誤差		12		–
全体		14	–	–

ステップ 2: ステップ 1 で求めた n, $\bar{x}$ を用いて，次を求めます．

$$\text{全変動} = SS_T = \sum_{i=1}^{5}(x_{1i} - 24)^2 + \sum_{i=1}^{5}(x_{2i} - 24)^2 + \sum_{i=1}^{5}(x_{3i} - 24)^2 = 610,$$

$$\text{級間平方和} = SS_B = 5 \times (23 - 24)^2 + 5 \times (19 - 24)^2 + 5 \times (30 - 24)^2 = 310.$$

また，(5.1) より

$$\text{級内平方和} = \text{全変動} - \text{級間平方和} = 610 - 310 = 300$$

となります．そして，分散分析表の「平方和」の部分を埋めます．

変動因	平方和	自由度	平均平方	F 値
因子 A	310	2		
観測誤差	300	12		–
全体	610	14	–	–

ステップ 3: ステップ 2 で求めた級間平方和と級内平方和を用いて，

$$S_B = \frac{\text{級間平方和}}{2} = \frac{SS_B}{2} = \frac{310}{2} = 155,$$

$$S_W = \frac{\text{級内平方和}}{n-3} = \frac{SS_W}{n-3} = \frac{300}{15-3} = 25$$

を求め，分散分析表の「平均平方」の部分を埋めます．

変動因	平方和	自由度	平均平方	F 値
因子 A	310	2	155	
観測誤差	300	12	25	–
全体	610	14	–	–

ステップ 4: ステップ 3 で求めた S_B と S_W より，F の実現値 f を求めます．

$$f = \frac{S_B}{S_W} = \frac{155}{25} = 6.2.$$

そして，分散分析表の「F 値」の部分を埋めます．

変動因	平方和	自由度	平均平方	F 値
因子 A	310	2	155	6.2
観測誤差	300	12	25	–
全体	610	14	–	–

ステップ 5: 有意水準 0.05 より，棄却域 W は

$$W = [3.885, \infty)$$

となります．したがって，$f = 6.2$ は棄却域に含まれるので，帰無仮説 H_0 は棄却され，小麦の含有量に関して，3 種類の機械の間に差があると判断されます． □

ここで，級間平方和，級内平方和の意味について考えてみましょう．級間平方和 SS_B は 3 つの標本平均 $\bar{x}_1, \bar{x}_2, \bar{x}_3$ のばらつきを表し，τ_1, τ_2, τ_3 の違いと σ^2 の大きさに依存しています．一方，級内平方和 SS_W は A_1, A_2, A_3 のそれぞれのデータのばらつきの和を表し，σ^2 の大きさにしか依存していません．帰無仮説 H_0 のもとでは，$S_B = \frac{SS_B}{2}$ と $S_W = \frac{SS_W}{n-3}$ はそれほど異なることはなく，対立仮説 H_1 のもとでは，S_B のほうが S_W より大きくなることが知られています．このことから，$F = \frac{S_B}{S_W}$ の実現値 f が大きいとき，帰無仮説 H_0 が棄却されることになります．

5.2 多重比較法

5.1 節の分散分析では，表 5.1 の小麦の含有量のデータに対して，

$$\text{帰無仮説 } \mathrm{H}_0 : \tau_1 = \tau_2 = \tau_3 = 0, \qquad \text{対立仮説 } \mathrm{H}_1 : \mathrm{H}_0 \text{ の否定}$$

を検定し，帰無仮説 H_0 は棄却され，3 種類の機械の間に差があると判断されました．しかし，分散分析ではどの水準とどの水準の効果に差があるのかということまではわかりません．そこで，これらの差を調べるために，各水準の効果の差の検定を行うことが考えられます．表 5.1 のデータに対して，各水準の効果の差の検定を行ってみましょう．まず，水準 A_1 と水準 A_2 の効果の差の検定

$$\text{帰無仮説 } \mathrm{H}_0^{12} : \tau_1 = \tau_2, \qquad \text{対立仮説 } \mathrm{H}_1^{12} : \tau_1 \neq \tau_2$$

を考えてみましょう．一般に帰無仮説 H_0^{12} のもと，検定統計量

$$T_{12} = \frac{\bar{X}_1 - \bar{X}_2}{\sqrt{S_W\left(\frac{1}{n_1} + \frac{1}{n_2}\right)}} \tag{5.5}$$

は自由度 $n-3$ の t 分布に従うことが知られています．ここで，$\bar{X}_1, \bar{X}_2$ はそれぞれ水準 A_1, A_2 の標本平均，S_W は (5.2) の平均平方です．また，表 5.1 では，$n_1 = n_2 = n_3 = 5, n = 15$ です．T_{12} の実現値 t_{12} は

$$t_{12} = \frac{23 - 19}{\sqrt{25 \times \left(\frac{1}{5} + \frac{1}{5}\right)}} \fallingdotseq 1.26 \tag{5.6}$$

となります．有意水準 0.05 の棄却域は，自由度 12 の t 分布の上側 2.5% 点より，

$$(-\infty, -2.179] \cup [2.179, \infty) \tag{5.7}$$

となります．(5.7) より，T_{12} の実現値 1.26 は棄却域に含まれないので，帰無仮説 H_0^{12} は棄却されません．したがって，水準 A_1 と水準 A_2 の効果に差がないといえないこともないと判断されます．このような検定方法を**シェフェの方法**といいます．2 つの正規母集団の母平均の差の検定には 4.3.2 節の方法がありますが，このように分散分析を行った場合には，シェフェの方法を用います．(5.5) の分母に (5.2) の平均平方 S_W を用いることがシェフェの方法の特徴です．

次に，水準 A_1 と水準 A_3 の効果の差の検定

$$\text{帰無仮説 } H_0^{13} : \tau_1 = \tau_3, \qquad \text{対立仮説 } H_1^{13} : \tau_1 \neq \tau_3$$

を考えてみましょう．この場合にも，一般に帰無仮説 H_0^{13} のもと，検定統計量

$$T_{13} = \frac{\bar{X}_1 - \bar{X}_3}{\sqrt{S_W\left(\frac{1}{n_1} + \frac{1}{n_3}\right)}} \tag{5.8}$$

は自由度 $n-3$ の t 分布に従います．ここで，$\bar{X}_3$ は水準 A_3 の標本平均です．T_{13} の実現値 t_{13} は

$$t_{13} = \frac{23 - 30}{\sqrt{25 \times \left(\frac{1}{5} + \frac{1}{5}\right)}} \fallingdotseq -2.21 \tag{5.9}$$

となります．T_{13} の実現値 -2.21 は有意水準 0.05 の棄却域 (5.7) に含まれるので，帰無仮説 H_0^{13} は棄却され，水準 A_1 と水準 A_3 の効果に差があると判断されます．

最後に，水準 A_2 と水準 A_3 の効果の差の検定

$$\text{帰無仮説 } H_0^{23} : \tau_2 = \tau_3, \qquad \text{対立仮説 } H_1^{23} : \tau_2 \neq \tau_3$$

を考えてみましょう．一般に帰無仮説 H_0^{23} のもと，検定統計量

$$T_{23} = \frac{\bar{X}_2 - \bar{X}_3}{\sqrt{S_W\left(\frac{1}{n_2} + \frac{1}{n_3}\right)}} \tag{5.10}$$

は自由度 $n-3$ の t 分布に従い，T_{23} の実現値 t_{23} は

$$t_{23} = \frac{19 - 30}{\sqrt{25 \times \left(\frac{1}{5} + \frac{1}{5}\right)}} \fallingdotseq -3.48 \tag{5.11}$$

となります．T_{23} の実現値 -3.48 は有意水準 0.05 の棄却域 (5.7) に含まれるので，帰無仮説 H_0^{23} は棄却され，水準 A_2 と水準 A_3 の効果に差があると判断されます．

以上のことから，機械 A_1 と機械 A_3 および機械 A_2 と機械 A_3 から製造される小麦の含有量には差があると判断されますが，機械 A_1 と機械 A_2 から製造される小麦の含有量には差がないといえないこともないと判断されます．

いま，有意水準 0.05 の検定を 3 回行いましたが，全体の有意水準はどうなっているのでしょうか．一般に，検定を繰り返し行うと，1 つ 1 つの検定における有意水準は 0.05 であっても，全体としての有意水準は 0.05 より大きくなります．有意水準 0.05 の検定を 3 回行うことを考えると，3 回とも有意とならない確率は 0.95^3 となり，少なくとも 1 回は有意となる確率は $1 - 0.95^3 \fallingdotseq 0.1426$ となります．つまり，表 5.1 のデータに対して 3 回行った検定の結果は，有意水準 0.1426 で「機械 A_1 と機械 A_3 および機械 A_2 と機械 A_3 から製造される小麦の含有量には差があり，機械 A_1 と機械 A_2 から製造される小麦の含有量には差がないといえないこともない」と判断されたことになります．有意水準 0.05 を保持するためには，従来の検定手法を有意水準 0.05 で繰り返し行うのではなく，**多重比較法**と呼ばれる検定手法を用います．多重比較法には多くの方法がありますが，本節では**ボンフェローニの方法**，**テューキーの方法**と呼ばれる方法について説明します．

表 5.1 のデータに対して，多重比較法を用いる場合，3 種類の帰無仮説，対立仮説

$$\begin{aligned}
&\text{(i)}\ \ \mathrm{H}_0^{12} : \tau_1 = \tau_2, \qquad \mathrm{H}_1^{12} : \tau_1 \neq \tau_2, \\
&\text{(ii)}\ \ \mathrm{H}_0^{13} : \tau_1 = \tau_3, \qquad \mathrm{H}_1^{13} : \tau_1 \neq \tau_3, \\
&\text{(iii)}\ \ \mathrm{H}_0^{23} : \tau_2 = \tau_3, \qquad \mathrm{H}_1^{23} : \tau_2 \neq \tau_3
\end{aligned} \tag{5.12}$$

を同時に考えます．特に，ボンフェローニの方法，テューキーの方法では，(5.5), (5.8), (5.10) の T_{12}, T_{13}, T_{23} を用いますが，棄却域を決める方法が異なります．

[ボンフェローニの方法]

全体の有意水準を 0.05 とし，個々の検定を 3 回行う場合には，個々の検定における有意水準を $\frac{0.05}{3}$ とします．このような方法をボンフェローニの方法といいます．帰無仮説のもと，検定統計量 T_{12}, T_{13}, T_{23} は自由度 $n-3$ の t 分布に従うので，棄却域 W を求めるには自由度 $n-3$ の t 分布の上側 $100 \times \frac{0.05}{3\times2}\%$ 点 $t_{[n-3]}\left(\frac{0.05}{3\times2}\right)$ が必要となります．しかし，数表 3 に，この値はありません．この値を求める 1 つの方法は，4.3.4 節と同様に線形補間を用いる方法です．もう 1 つの方法は，統計ソフトウェアを用いる方法です．たとえば，統計ソフトウェア R を用いると，

```
qt(1-0.05/6,n-3)
```

と入力することで求めることができます．特に，$n=15$ のとき，

$$t_{[12]}\left(\frac{0.05}{6}\right) = \texttt{qt(1-0.05/6,12)} \fallingdotseq 2.78$$

と求めることができます．このことを用いると，棄却域 W は

$$W = (-\infty, -2.78] \cup [2.78, \infty) \tag{5.13}$$

となり，T_{12}, T_{13}, T_{23} の実現値 t_{12}, t_{13}, t_{23} を用いて検定を行います．

例 5.2

表 5.1 のデータに対して，ボンフェローニの方法を用いて，有意水準 0.05 で多重比較を行ってみましょう．3 種類の帰無仮説，対立仮説 (5.12) を考えます．(5.6), (5.9), (5.11) より，T_{12}, T_{13}, T_{23} の実現値は

$$t_{12} \fallingdotseq 1.26, \quad t_{13} \fallingdotseq -2.21, \quad t_{23} \fallingdotseq -3.48 \tag{5.14}$$

となります．有意水準 0.05 の棄却域は (5.13) であるので実現値 t_{23} だけが棄却域に含まれます．つまり，機械 A_2 と機械 A_3 から製造される小麦の含有量には差があり，機械 A_1 と機械 A_2 および機械 A_1 と機械 A_3 から製造される小麦の含有量には差がないといえないこともないと判断されます． □

[テューキーの方法]

ボンフェローニの方法は非常に簡便な方法ですが，個々の検定の回数が多くなったとき保守的になりすぎる，つまり，棄却域が狭くなりすぎる傾向があります．一方，テューキーの方法はボンフェローニの方法のように保守的になりすぎることはありません．テューキーの方法では有意水準を 0.05 とすると，棄却域 W は

$$W = \left(-\infty, -\frac{q(l,\phi;0.05)}{\sqrt{2}}\right] \cup \left[\frac{q(l,\phi;0.05)}{\sqrt{2}}, \infty\right)$$

となります．ここで，$q(l,\phi;0.05)$ は**ステューデント化された範囲の分布の上側 5% 点**と呼ばれ，数表 6 から読み取ることができます．また，l は因子 A の水準の個数，ϕ は級内平方和 (SS_W)

の自由度であり，$\phi = n-l$ です．特に，$n=15, l=3$ のとき，数表 6 より $q(3,12;0.05)=3.77$ であり，$\frac{3.77}{\sqrt{2}} \fallingdotseq 2.67$ であるので，棄却域 W は

$$W = (-\infty, -2.67] \cup [2.67, \infty) \tag{5.15}$$

となります．T_{12}, T_{13}, T_{23} の実現値 t_{12}, t_{13}, t_{23} が棄却域 W に含まれるかどうかで検定を行います．

例 5.3

表 5.1 のデータに対して，テューキーの方法を用いて，有意水準 0.05 で多重比較を行ってみましょう．3 種類の帰無仮説，対立仮説 (5.12) を考えます．検定統計量の実現値は (5.14) となります．有意水準 0.05 の棄却域 は (5.15) であるので，実現値 t_{23} だけが棄却域に含まれます．つまり，機械 A_2 と機械 A_3 から製造される小麦の含有量には差があり，機械 A_1 と機械 A_2 および機械 A_1 と機械 A_3 から製造される小麦の含有量には差がないといえないこともないと判断されます．また，(5.13) と (5.15) を比較すると，ボンフェローニの方法はテューキーの方法より帰無仮説が棄却されにくくなっていることがわかります． □

数表 6 に自由度 ϕ の値がなく，$q(l,\phi;0.05)$ の値を読み取ることができない場合があります．この場合には，自由度の逆数の線形補間により $q(l,\phi;0.05)$ の近似値を求めます（図 5.2 参照）．すなわち，自由度 ϕ に対して，

$$\phi_1 < \phi < \phi_2 \tag{5.16}$$

となる最大の自由度 ϕ_1, 最小の自由度 ϕ_2 を数表 6 より探し，次式により $q(l,\phi;0.05)$ の近似値を求めます．

$$q(l,\phi;0.05) \fallingdotseq q(l,\phi_1;0.05) - \{q(l,\phi_1;0.05) - q(l,\phi_2;0.05)\} \times \frac{\dfrac{1}{\phi_1} - \dfrac{1}{\phi}}{\dfrac{1}{\phi_1} - \dfrac{1}{\phi_2}}.$$

たとえば，$l=3, n=24$ のときを考えてみましょう．このとき，自由度 ϕ は $\phi = 24-3 = 21$ となり，数表 6 には $q(3,21;0.05)$ の値はありません．自由度 $\phi = 21$ に対して，(5.16) を満足する ϕ_1, ϕ_2 は $\phi_1 = 20$ および $\phi_2 = 24$ であり，

$$q(3,20;0.05) = 3.58, \quad q(3,24;0.05) = 3.53$$

であるので

$$\begin{aligned} q(3,21;0.05) &\fallingdotseq q(3,20;0.05) - \{q(3,20;0.05) - q(3,24;0.05)\} \times \frac{\frac{1}{20} - \frac{1}{21}}{\frac{1}{20} - \frac{1}{24}} \\ &= 3.58 - (3.58 - 3.53) \times \frac{\frac{1}{20} - \frac{1}{21}}{\frac{1}{20} - \frac{1}{24}} \fallingdotseq 3.57 \end{aligned} \tag{5.17}$$

となります.

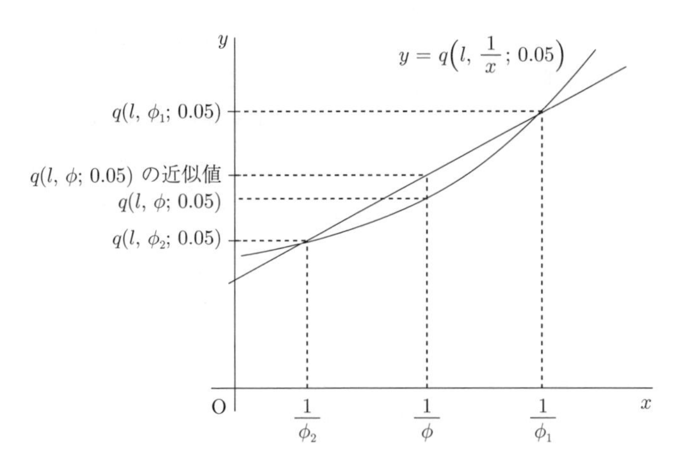

図 5.2 ステューデント化された範囲の分布の上側 5% 点の線形補間

例 5.4

表 5.1 と同じ種類のデータで,A_1, A_2, A_3 の標本平均,平均平方 S_W の実現値がそれぞれ 23, 19, 30, 25 であり,$n_1 = n_2 = n_3 = 8$ であったとしましょう.このとき,3 種類の帰無仮説,対立仮説 (5.12) をテューキーの方法で検定してみましょう.T_{12}, T_{13}, T_{23} の実現値 t_{12}, t_{13}, t_{23} は

$$t_{12} = \frac{23-19}{\sqrt{25 \times \left(\frac{1}{8}+\frac{1}{8}\right)}} = 1.6, \quad t_{13} = \frac{23-30}{\sqrt{25 \times \left(\frac{1}{8}+\frac{1}{8}\right)}} = -2.8,$$

$$t_{23} = \frac{19-30}{\sqrt{25 \times \left(\frac{1}{8}+\frac{1}{8}\right)}} = -4.4$$

となります.(5.17) より $q(3, 21; 0.05) \fallingdotseq 3.57$ であり,さらに,$\frac{3.57}{\sqrt{2}} \fallingdotseq 2.52$ であるので,有意水準 0.05 の棄却域 W は,

$$W = (-\infty, -2.52] \cup [2.52, \infty)$$

となります.実現値 t_{13}, t_{23} は棄却域 W に含まれ,t_{12} は含まれません.つまり,機械 A_1 と機械 A_3 および機械 A_2 と機械 A_3 から製造される小麦の含有量には差があり,機械 A_1 と機械 A_2 から製造される小麦の含有量には差がないといえないこともないと判断されます. □

5.3 2元配置法（繰り返しのない場合）

ある会社の主力商品であるガラスのこれまでの成形温度は A_1 °C，原料メーカーは B_1 社でした．耐圧強度 (N/mm^2) をさらに高める必要が生じたため，3 種類の成形温度 A_1, A_2, A_3 と 2 種類の原料メーカー B_1, B_2 によりガラスを製造する実験を行ったところ表 5.2 が得られました．この場合には,「成形温度」,「原料メーカー」という 2 つの因子があり，それぞれを因子 A, 因子 B と表します．因子 A には 3 つの水準 A_1, A_2, A_3 があり，因子 B には 2 つの水準 B_1, B_2 があります．このとき，耐圧強度に関して，成形温度の 3 つの水準の間の差，原料メーカーの 2 つの水準の間の差はあるのでしょうか？このように，2 つの因子 A, B について，因子 A の水準と因子 B の水準を組合せて実験を行い，各水準の影響を調べる実験方法を **2元配置法**と呼びます．なお,「繰り返しのない場合」というのは因子 A, B の水準の組合せによる実験がそれぞれ 1 回しか行われないという意味です．

表 5.2 ガラスの耐圧強度（繰り返しのない場合）

因子	B_1	B_2	標本平均
A_1	12	6	9
A_2	16	12	14
A_3	17	9	13
標本平均	15	9	12

同じような問題にも適用できるように，次のような表で問題を考えていきましょう．

因子	B_1	B_2	標本平均
A_1	x_{11}	x_{12}	$\bar{x}_{1\cdot}$
A_2	x_{21}	x_{22}	$\bar{x}_{2\cdot}$
A_3	x_{31}	x_{32}	$\bar{x}_{3\cdot}$
標本平均	$\bar{x}_{\cdot 1}$	$\bar{x}_{\cdot 2}$	$\bar{x}_{\cdot\cdot}$

ここで，

$$\begin{aligned}
\bar{x}_{1\cdot} &= \frac{1}{2}(x_{11}+x_{12}), \quad \bar{x}_{2\cdot} = \frac{1}{2}(x_{21}+x_{22}), \quad \bar{x}_{3\cdot} = \frac{1}{2}(x_{31}+x_{32}), \\
\bar{x}_{\cdot 1} &= \frac{1}{3}(x_{11}+x_{21}+x_{31}), \quad \bar{x}_{\cdot 2} = \frac{1}{3}(x_{12}+x_{22}+x_{32}), \\
\bar{x}_{\cdot\cdot} &= \frac{1}{6}(x_{11}+x_{12}+x_{21}+x_{22}+x_{31}+x_{32})
\end{aligned}$$

です．問題は

(i) A_1, A_2, A_3 の間に差があるかどうか，

(ii) B_1, B_2 の間に差があるかどうか

ということになります．

いま，得られたデータ x_{ij} $(i = 1, 2, 3;\ j = 1, 2)$ は，母平均 $\mu + \tau_i + \delta_j$，母分散 σ^2 の正規母集団 $\mathrm{N}(\mu + \tau_i + \delta_j, \sigma^2)$ から得られたとしましょう（δ は“デルタ”と読みます）．μ を一般平均，τ_i $(i = 1, 2, 3)$ を水準 A_i の効果，δ_j $(j = 1, 2)$ を水準 B_j の効果といい，$\tau_1 + \tau_2 + \tau_3 = 0$，$\delta_1 + \delta_2 = 0$ を満足します．これらより，データ x_{ij} を

$$\text{データ} = \text{一般平均} + \text{因子 } A \text{ の水準の効果} + \text{因子 } B \text{ の水準の効果} + \text{観測誤差}$$

と考えます．ここで，σ^2 は観測誤差のばらつきを表し，未知とします．以上より，いま考えている問題 (i), (ii) は仮説検定問題

(i)$'$ 帰無仮説 $\mathrm{H}_{0\tau} : \tau_1 = \tau_2 = \tau_3 = 0$,　　対立仮説 $\mathrm{H}_{1\tau} : \mathrm{H}_{0\tau}$ の否定,

(ii)$'$ 帰無仮説 $\mathrm{H}_{0\delta} : \delta_1 = \delta_2 = 0$,　　対立仮説 $\mathrm{H}_{1\delta} : \mathrm{H}_{0\delta}$ の否定

となります．これらの検定問題は次の 5 つのステップによって解くことができます．

ステップ 1: 次の分散分析表 の「自由度」の部分を以下のようにして埋めます[注 14]．

変動因	平方和	自由度	平均平方	F 値
因子 A		2		
因子 B		1		
観測誤差		2		–
全体		5	–	–

ステップ 2: 全変動 (SS_T)，**行間平方和** (SS_A)，**列間平方和** (SS_B)，**残差平方和** (SS_E) と呼ばれる平方和を求めます．

$$\begin{aligned}
\text{全変動} = SS_T &= \sum_{i=1}^{3}(x_{i1} - \bar{x}_{..})^2 + \sum_{i=1}^{3}(x_{i2} - \bar{x}_{..})^2, \\
\text{行間平方和} = SS_A &= 2 \times (\bar{x}_{1.} - \bar{x}_{..})^2 + 2 \times (\bar{x}_{2.} - \bar{x}_{..})^2 + 2 \times (\bar{x}_{3.} - \bar{x}_{..})^2, \\
\text{列間平方和} = SS_B &= 3 \times (\bar{x}_{.1} - \bar{x}_{..})^2 + 3 \times (\bar{x}_{.2} - \bar{x}_{..})^2, \\
\text{残差平方和} = SS_E &= \sum_{i=1}^{3}(x_{i1} - \bar{x}_{i.} - \bar{x}_{.1} + \bar{x}_{..})^2 + \sum_{i=1}^{3}(x_{i2} - \bar{x}_{i.} - \bar{x}_{.2} + \bar{x}_{..})^2.
\end{aligned}$$

ただし，

$$\text{全変動} = \text{行間平方和} + \text{列間平方和} + \text{残差平方和}$$

となることに注意しておきます．この関係から，全変動，行間平方和，列間平方和を求めて，残差平方和は

$$\text{残差平方和} = \text{全変動} - \text{行間平方和} - \text{列間平方和} \tag{5.18}$$

注 14) 一般に因子 A の水準の個数が l，因子 B の水準の個数が m の場合には，「全体」の自由度は $lm-1$，「因子 A」の自由度は $l-1$，「因子 B」の自由度は $m-1$，「観測誤差」の自由度は $lm-1-(l-1)-(m-1) = (l-1)(m-1)$ となります．

として求めます．そして，分散分析表の「平方和」の部分を埋めます．

変動因	平方和	自由度	平均平方	F 値
因子 A	SS_A	2		
因子 B	SS_B	1		
観測誤差	SS_E	2		–
全体	SS_T	5	–	–

ステップ 3: ステップ 2 で求めた行間平方和，列間平方和，残差平方和を用いて，平均平方

$$S_A = \frac{\text{行間平方和}}{2} = \frac{SS_A}{2}, \quad S_B = \text{列間平方和} = SS_B, \quad S_E = \frac{\text{残差平方和}}{2} = \frac{SS_E}{2}$$

を求め，分散分析表の「平均平方」の部分を埋めます．

変動因	平方和	自由度	平均平方	F 値
因子 A	SS_A	2	S_A	
因子 B	SS_B	1	S_B	
観測誤差	SS_E	2	S_E	–
全体	SS_T	5	–	–

ステップ 4: データを無作為標本と考えると，ステップ 3 の S_A, S_B, S_E は確率変数となり，帰無仮説 $\mathrm{H}_{0\tau}$ のもと，検定統計量

$$F_\tau = \frac{S_A}{S_E} \tag{5.19}$$

は自由度 $(2, 2)$ の F 分布に従うことが知られています．また，帰無仮説 $\mathrm{H}_{0\delta}$ のもと，検定統計量

$$F_\delta = \frac{S_B}{S_E} \tag{5.20}$$

は自由度 $(1, 2)$ の F 分布に従うことが知られています[注 15)]．ステップ 3 で求めた S_A, S_B, S_E より，F_τ, F_δ の実現値

$$f_\tau = \frac{S_A}{S_E}, \quad f_\delta = \frac{S_B}{S_E}. \tag{5.21}$$

を求め，分散分析表の「F 値」の部分を埋めます．(5.19), (5.20) と (5.21) の右辺の S_A, S_B, S_E は同じ記号を用いていますが，(5.19), (5.20) では確率変数を表し，(5.21) ではその実現値を表しています．

変動因	平方和	自由度	平均平方	F 値
因子 A	SS_A	2	S_A	f_τ
因子 B	SS_B	1	S_B	f_δ
観測誤差	SS_E	2	S_E	–
全体	SS_T	5	–	–

ステップ 5: 有意水準 0.05 のとき，自由度 $(2, 2)$ の F 分布の上側 5% 点は数表 5.2 より $F_2^2(0.05) = 19.000$ であるので，F_τ に対する棄却域 W_τ は

注 15) 一般に因子 A の水準の個数が l，因子 B の水準の個数が m の場合には，$\mathrm{H}_{0\tau}$ のもと，F_τ は自由度 $(l-1, (l-1)(m-1))$ の F 分布に従い，$\mathrm{H}_{0\delta}$ のもと，F_δ は自由度 $(m-1, (l-1)(m-1))$ の F 分布に従います．

$$W_\tau = [19.000, \infty)$$

となります．したがって，F_τ の実現値 f_τ が棄却域 W_τ に含まれるとき，帰無仮説 $\mathrm{H}_{0\tau}$ は棄却され，対立仮説 $\mathrm{H}_{1\tau}$ であると判断されます．また，自由度 $(1,2)$ の F 分布の上側 5% 点は数表 5.2 より $F_2^1(0.05) = 18.513$ であるので，F_δ に対する棄却域 W_δ は

$$W_\delta = [18.513, \infty)$$

となります．したがって，F_δ の実現値 f_δ が棄却域 W_δ に含まれるとき，帰無仮説 $\mathrm{H}_{0\delta}$ は棄却され，対立仮説 $\mathrm{H}_{1\delta}$ であると判断されます．

以上のことを公式 5.2, 公式 5.3 としてまとめておきます．

公式 5.2

帰無仮説 $\mathrm{H}_{0\tau}$: $\tau_1 = \tau_2 = \tau_3 = 0$,　　対立仮説 $\mathrm{H}_{1\tau}$: $\mathrm{H}_{0\tau}$ の否定

を有意水準 0.05 で検定する場合，検定統計量 F_τ および棄却域 W_τ は

$$F_\tau = \frac{S_A}{S_E}, \qquad W_\tau = [19.000, \infty)$$

となります．F_τ の実現値 f_τ が W_τ に含まれるならば $\mathrm{H}_{0\tau}$ は棄却され，$\mathrm{H}_{1\tau}$ であると判断されます．また，f_τ が W_τ に含まれないならば $\mathrm{H}_{0\tau}$ は棄却されず，$\mathrm{H}_{0\tau}$ であるといえないこともないと判断されます．

公式 5.3

帰無仮説 $\mathrm{H}_{0\delta}$: $\delta_1 = \delta_2 = 0$,　　対立仮説 $\mathrm{H}_{1\delta}$: $\mathrm{H}_{0\delta}$ の否定

を有意水準 0.05 で検定する場合，検定統計量 F_δ および棄却域 W_δ は

$$F_\delta = \frac{S_B}{S_E}, \qquad W_\delta = [18.513, \infty)$$

となります．F_δ の実現値 f_δ が W_δ に含まれるならば $\mathrm{H}_{0\delta}$ は棄却され，$\mathrm{H}_{1\delta}$ であると判断されます．また，f_δ が W_δ に含まれないならば $\mathrm{H}_{0\delta}$ は棄却されず，$\mathrm{H}_{0\delta}$ であるといえないこともないと判断されます．

例 5.5

表 5.2 のデータに対して，有意水準 0.05 で分散分析を行ってみましょう．

ステップ 1: 分散分析表の「自由度」の部分を埋めます．

変動因	平方和	自由度	平均平方	F 値
因子 A		2		
因子 B		1		
観測誤差		2		–
全体		5	–	–

ステップ 2: 次を求めます．

$$全変動 = SS_T = \sum_{i=1}^{3}(x_{i1} - 12)^2 + \sum_{i=1}^{3}(x_{i2} - 12)^2 = 86,$$

$$行間平方和 = SS_A = 2 \times (9 - 12)^2 + 2 \times (14 - 12)^2 + 2 \times (13 - 12)^2 = 28,$$

$$列間平方和 = SS_B = 3 \times (15 - 12)^2 + 3 \times (9 - 12)^2 = 54.$$

また，(5.18) より，

$$残差平方和 = SS_E = 全変動 - 行間平方和 - 列間平方和 = 86 - 28 - 54 = 4$$

となります．そして，分散分析表の「平方和」の部分を埋めます．

変動因	平方和	自由度	平均平方	F 値
因子 A	28	2		
因子 B	54	1		
観測誤差	4	2		–
全体	86	5	–	–

ステップ 3: ステップ 2 で求めた行間平方和，列間平方和，残差平方和を用いて，

$$S_A = \frac{行間平方和}{2} = \frac{SS_A}{2} = \frac{28}{2} = 14,$$
$$S_B = 列間平方和 = SS_B = 54,$$
$$S_E = \frac{残差平方和}{2} = \frac{SS_E}{2} = \frac{4}{2} = 2$$

を求め，分散分析表の「平均平方」の部分を埋めます．

変動因	平方和	自由度	平均平方	F 値
因子 A	28	2	14	
因子 B	54	1	54	
観測誤差	4	2	2	–
全体	86	5	–	–

ステップ 4: ステップ 3 で求めた S_A, S_B, S_E を用いて，F_τ, F_δ の実現値 f_τ, f_δ を求めます．

$$f_\tau = \frac{S_A}{S_E} = \frac{14}{2} = 7, \quad f_\delta = \frac{S_B}{S_E} = \frac{54}{2} = 27.$$

そして，分散分析表の「F 値」の部分を埋めます．

変動因	平方和	自由度	平均平方	F 値
因子 A	28	2	14	7
因子 B	54	1	54	27
観測誤差	4	2	2	–
全体	86	5	–	–

ステップ 5: 有意水準 0.05 より，F_τ に対する棄却域 W_τ は

$$W_\tau = [19.000, \infty)$$

となります．したがって，F_τ の実現値 $f_\tau = 7$ は棄却域 W_τ に含まれないので，帰無仮説 $\mathrm{H}_{0\tau}$ を棄却されません．また，F_δ に対する棄却域 W_δ は

$$W_\delta = [18.513, \infty)$$

となります．したがって，F_δ の実現値 $f_\delta = 27$ は棄却域 W_δ に含まれるので，帰無仮説 $\mathrm{H}_{0\delta}$ は棄却されます．以上より，耐圧強度に関して，成形温度の間に差がないといえないこともないと判断されます．一方，原料メーカーの間に差があると判断されます． □

5.4 2 元配置法（繰り返しのある場合）

5.3 節の繰り返しのない 2 元配置法では，各因子 A, B の水準の組合せによる実験が 1 回しか行われませんでした．それでは，実験が 2 回行われたらどうなるでしょうか？ 5.3 節と同じ例を考え 2 回ずつ行ったところ表 5.3 が得られました．ここで，A_i, B_j $(i = 1, 2, 3; j = 1, 2)$ に対応する 3 つの数値の最初の 2 つはデータ，残りの 1 つはそれらの標本平均です．このとき，

表 5.3 ガラスの耐圧強度（繰り返しのある場合）

因子	B_1			B_2			標本平均
A_1	11	13	12	5	7	6	9
A_2	15	17	16	11	13	12	14
A_3	16	18	17	8	10	9	13
標本平均	15			9			12

5.3 節のときと同じように，耐圧強度に関して，成形温度の 3 つの水準の間の差，原料メーカーの 2 つの水準の間の差はあるのでしょうか？また，成形温度と原料メーカーの水準の組合せによって生じる効果の間に差はあるでしょうか？なお,「繰り返しのある場合」というのは因子 A, B の水準の組合せによる実験が複数回行われるという意味です．

同じような問題にも適用できるように，次のような表で問題を考えていきましょう．

因子	B_1			B_2			標本平均
A_1	x_{111}	x_{112}	$\bar{x}_{11\cdot}$	x_{121}	x_{122}	$\bar{x}_{12\cdot}$	$\bar{x}_{1\cdot\cdot}$
A_2	x_{211}	x_{212}	$\bar{x}_{21\cdot}$	x_{221}	x_{222}	$\bar{x}_{22\cdot}$	$\bar{x}_{2\cdot\cdot}$
A_3	x_{311}	x_{312}	$\bar{x}_{31\cdot}$	x_{321}	x_{322}	$\bar{x}_{32\cdot}$	$\bar{x}_{3\cdot\cdot}$
標本平均	$\bar{x}_{\cdot 1\cdot}$			$\bar{x}_{\cdot 2\cdot}$			$\bar{x}_{\cdots}$

ここで，

$$\bar{x}_{11\cdot} = \frac{1}{2}(x_{111} + x_{112}), \quad \bar{x}_{12\cdot} = \frac{1}{2}(x_{121} + x_{122}), \quad \bar{x}_{21\cdot} = \frac{1}{2}(x_{211} + x_{212}),$$
$$\bar{x}_{22\cdot} = \frac{1}{2}(x_{221} + x_{222}), \quad \bar{x}_{31\cdot} = \frac{1}{2}(x_{311} + x_{312}), \quad \bar{x}_{32\cdot} = \frac{1}{2}(x_{321} + x_{322}),$$

$$\begin{aligned}
\bar{x}_{1..} &= \frac{1}{4}(x_{111}+x_{112}+x_{121}+x_{122}), \quad \bar{x}_{2..} = \frac{1}{4}(x_{211}+x_{212}+x_{221}+x_{222}),\\
\bar{x}_{3..} &= \frac{1}{4}(x_{311}+x_{312}+x_{321}+x_{322}),\\
\bar{x}_{.1.} &= \frac{1}{6}(x_{111}+x_{112}+x_{211}+x_{212}+x_{311}+x_{312}),\\
\bar{x}_{.2.} &= \frac{1}{6}(x_{121}+x_{122}+x_{221}+x_{222}+x_{321}+x_{322}),\\
\bar{x}_{...} &= \frac{1}{12}(x_{111}+x_{112}+x_{121}+x_{122}+x_{211}+x_{212}+x_{221}+x_{222}\\
&\quad +x_{311}+x_{312}+x_{321}+x_{322})
\end{aligned}$$

です．問題は

(i) A_1, A_2, A_3 の間に差があるかどうか，

(ii) B_1, B_2 の間に差があるかどうか，

(iii) 因子 A, B の水準組合せの間に差があるかどうか

ということになります．

いま，得られたデータ x_{ijk} $(i=1,2,3;\ j=1,2;\ k=1,2)$ は，母平均 $\mu+\tau_i+\delta_j+\gamma_{ij}$, 母分散 σ^2 の正規母集団から得られたとしましょう（γ は"ガンマ"と読みます）．ここで，μ を一般平均，τ_i $(i=1,2,3)$ を水準 A_i の**主効果**，δ_j $(j=1,2)$ を水準 B_j の主効果，γ_{ij} $(i=1,2,3;\ j=1,2)$ を水準 A_i と水準 B_j の**交互作用効果**といい，$\tau_1+\tau_2+\tau_3=0$, $\delta_1+\delta_2=0$, $\gamma_{11}+\gamma_{21}+\gamma_{31}=0$, $\gamma_{12}+\gamma_{22}+\gamma_{32}=0$, $\gamma_{11}+\gamma_{12}=0$, $\gamma_{21}+\gamma_{22}=0$, $\gamma_{31}+\gamma_{32}=0$ を満足します．これらより，データ x_{ijk} を

$$\begin{aligned}
\text{データ} &= \text{一般平均} + \text{因子 } A \text{ の水準の主効果} + \text{因子 } B \text{ の水準の主効果}\\
&\quad + \text{因子 } A \text{ と } B \text{ の水準組合せによる交互作用効果} + \text{観測誤差}
\end{aligned}$$

と考えます．ここで，σ^2 は観測誤差のばらつきを表し，未知とします．以上より，いま考えている問題 (i), (ii), (iii) は仮説検定問題

(i)′ 帰無仮説 $\mathrm{H}_{0\tau}: \tau_1=\tau_2=\tau_3=0$,　対立仮説 $\mathrm{H}_{1\tau}: \mathrm{H}_{0\tau}$ の否定，
(ii)′ 帰無仮説 $\mathrm{H}_{0\delta}: \delta_1=\delta_2=0$,　対立仮説 $\mathrm{H}_{1\delta}: \mathrm{H}_{0\delta}$ の否定，
(iii)′ 帰無仮説 $\mathrm{H}_{0\gamma}: \gamma_{11}=\gamma_{21}=\gamma_{31}=\gamma_{12}=\gamma_{22}=\gamma_{32}=0$,　対立仮説 $\mathrm{H}_{1\gamma}: \mathrm{H}_{0\gamma}$ の否定

となります．これらの検定問題は次の5つのステップによって解くことができます．

ステップ1: 次の分散分析表 の「自由度」の部分を以下のようにして埋めます[注16]．

注16) 一般に因子 A の水準の個数が l, 因子 B の水準の個数が m であり，各水準の実験が r 回行われた場合には，「全体」の自由度は $lmr-1$,「因子 A」の自由度は $l-1$,「因子 B」の自由度は $m-1$,「$A\times B$」の自由度は $(l-1)(m-1)$,「観測誤差」の自由度は $lmr-1-(l-1)-(m-1)-(l-1)(m-1)=lm(r-1)$ となります．

変動因	平方和	自由度	平均平方	F 値
因子 A		2		
因子 B		1		
$A \times B$		2		
観測誤差		6		−
全体		11	−	−

ステップ 2: 全変動 (SS_T)，行間平方和 (SS_A)，列間平方和 (SS_B)，**交互作用平方和** (SS_{AB}) 残差平方和 (SS_E) と呼ばれる平方和を求めます．

$$
\begin{aligned}
\text{全変動} = SS_T \;&=\; \sum_{i=1}^{3}(x_{i11} - \bar{x}_{...})^2 + \sum_{i=1}^{3}(x_{i12} - \bar{x}_{...})^2 \\
&\qquad + \sum_{i=1}^{3}(x_{i21} - \bar{x}_{...})^2 + \sum_{i=1}^{3}(x_{i22} - \bar{x}_{...})^2, \\
\text{行間平方和} = SS_A \;&=\; 4 \times (\bar{x}_{1..} - \bar{x}_{...})^2 + 4 \times (\bar{x}_{2..} - \bar{x}_{...})^2 + 4 \times (\bar{x}_{3..} - \bar{x}_{...})^2, \\
\text{列間平方和} = SS_B \;&=\; 6 \times (\bar{x}_{.1.} - \bar{x}_{...})^2 + 6 \times (\bar{x}_{.2.} - \bar{x}_{...})^2, \\
\text{交互作用平方和} = SS_{AB} \;&=\; 2 \times (\bar{x}_{11.} - \bar{x}_{1..} - \bar{x}_{.1.} + \bar{x}_{...})^2 + 2 \times (\bar{x}_{12.} - \bar{x}_{1..} - \bar{x}_{.2.} + \bar{x}_{...})^2 \\
&\quad + 2 \times (\bar{x}_{21.} - \bar{x}_{2..} - \bar{x}_{.1.} + \bar{x}_{...})^2 + 2 \times (\bar{x}_{22.} - \bar{x}_{2..} - \bar{x}_{.2.} + \bar{x}_{...})^2 \\
&\quad + 2 \times (\bar{x}_{31.} - \bar{x}_{3..} - \bar{x}_{.1.} + \bar{x}_{...})^2 + 2 \times (\bar{x}_{32.} - \bar{x}_{3..} - \bar{x}_{.2.} + \bar{x}_{...})^2, \\
\text{残差平方和} = SS_E \;&=\; \sum_{i=1}^{3}(x_{i11} - \bar{x}_{i1.})^2 + \sum_{i=1}^{3}(x_{i12} - \bar{x}_{i1.})^2 \\
&\qquad + \sum_{i=1}^{3}(x_{i21} - \bar{x}_{i2.})^2 + \sum_{i=1}^{3}(x_{i22} - \bar{x}_{i2.})^2.
\end{aligned}
$$

ただし，

$$
\text{全変動} = \text{行間平方和} + \text{列間平方和} + \text{交互作用平方和} + \text{残差平方和}
$$

となることに注意しておきます．この関係から，全変動，行間平方和，列間平方和，交互作用平方和を求めて，残差平方和は

$$
\text{残差平方和} = \text{全変動} - \text{行間平方和} - \text{列間平方和} - \text{交互作用平方和} \tag{5.22}
$$

として求めます．そして，分散分析表の「平方和」の部分を埋めます．

変動因	平方和	自由度	平均平方	F 値
因子 A	SS_A	2		
因子 B	SS_B	1		
$A \times B$	SS_{AB}	2		
観測誤差	SS_E	6		−
全体	SS_T	11	−	−

ステップ 3: ステップ 2 で求めた行間平方和，列間平方和，交互作用平方和，残差平方和を用いて，平均平方

$$S_A = \frac{\text{行間平方和}}{2} = \frac{SS_A}{2}, \quad S_B = \text{列間平方和} = SS_B,$$
$$S_{AB} = \frac{\text{交互作用平方和}}{2} = \frac{SS_{AB}}{2}, \quad S_E = \frac{\text{残差平方和}}{6} = \frac{SS_E}{6}$$

を求め，分散分析表の「平均平方」の部分を埋めます．

変動因	平方和	自由度	平均平方	F 値
因子 A	SS_A	2	S_A	
因子 B	SS_B	1	S_B	
$A \times B$	SS_{AB}	2	S_{AB}	
観測誤差	SS_E	6	S_E	–
全体	SS_T	11	–	–

ステップ 4: データを無作為標本と考えると，ステップ 3 の S_A, S_B, S_{AB}, S_E は確率変数となり，帰無仮説 $\mathrm{H}_{0\tau}$ のもと，検定統計量

$$F_\tau = \frac{S_A}{S_E} \tag{5.23}$$

は自由度 $(2, 6)$ の F 分布に従うことが知られています．また，帰無仮説 $\mathrm{H}_{0\delta}$ のもと，検定統計量

$$F_\delta = \frac{S_B}{S_E} \tag{5.24}$$

は自由度 $(1, 6)$ の F 分布に従うことが知られています．さらに，帰無仮説 $\mathrm{H}_{0\gamma}$ のもと，検定統計量

$$F_\gamma = \frac{S_{AB}}{S_E}. \tag{5.25}$$

は自由度 $(2, 6)$ の F 分布に従うことが知られています[注 17)]．ステップ 3 で求めた S_A, S_B, S_{AB}, S_E より，F_τ, F_δ, F_γ の実現値

$$f_\tau = \frac{S_A}{S_E}, \quad f_\delta = \frac{S_B}{S_E}, \quad f_\gamma = \frac{S_{AB}}{S_E} \tag{5.26}$$

を求め，分散分析表の「F 値」の部分を埋めます．(5.23), (5.24), (5.25) と (5.26) の右辺の S_A, S_B, S_{AB}, S_E は同じ記号を用いていますが，(5.23), (5.24), (5.25) では確率変数を表し，(5.26) ではその実現値を表しています．

変動因	平方和	自由度	平均平方	F 値
因子 A	SS_A	2	S_A	f_τ
因子 B	SS_B	1	S_B	f_δ
$A \times B$	SS_{AB}	2	S_{AB}	f_γ
観測誤差	SS_E	6	S_E	–
全体	SS_T	11	–	–

ステップ 5: 有意水準 0.05 のとき，自由度 $(2, 6)$ の F 分布の上側 5% 点は数表 5.2 より

注 17) 一般に因子 A の水準の個数が l, 因子 B の水準の個数が m であり，各水準の実験が r 回行われた場合には，$\mathrm{H}_{0\tau}$ のもと，F_τ は自由度 $(l-1, lm(r-1))$ の F 分布に従い，$\mathrm{H}_{0\delta}$ のもと，F_δ は自由度 $(m-1, lm(r-1))$ の F 分布に従い，$\mathrm{H}_{0\gamma}$ のもと，F_γ は自由度 $((l-1)(m-1), lm(r-1))$ の F 分布に従います．

$F_6^2(0.05) = 5.143$ であるので，F_τ に対する棄却域 W_τ は

$$W_\tau = [5.143, \infty)$$

となります．したがって，F_τ の実現値 f_τ が棄却域 W_τ に含まれるとき，帰無仮説 $\mathrm{H}_{0\tau}$ は棄却され，対立仮説 $\mathrm{H}_{1\tau}$ であると判断されます．また，自由度 $(1, 6)$ の F 分布の上側 5% 点は数表 5.2 より $F_6^1(0.05) = 5.987$ であるので，F_δ に対する棄却域 W_δ は

$$W_\delta = [5.987, \infty)$$

となります．したがって，F_δ の実現値 f_δ が棄却域 W_δ に含まれるとき，帰無仮説 $\mathrm{H}_{0\delta}$ は棄却され，対立仮説 $\mathrm{H}_{1\delta}$ であると判断されます．さらに，F_γ に対する棄却域 W_γ は

$$W_\gamma = [5.143, \infty)$$

となります．したがって，F_γ の実現値 f_γ が棄却域 W_γ に含まれるとき，帰無仮説 $\mathrm{H}_{0\gamma}$ は棄却され，対立仮説 $\mathrm{H}_{1\gamma}$ であると判断されます．

以上のことを公式 5.4, 公式 5.5, 公式 5.6 としてまとめておきます．

公式 5.4

帰無仮説 $\mathrm{H}_{0\tau}$: $\tau_1 = \tau_2 = \tau_3 = 0$,　　対立仮説 $\mathrm{H}_{1\tau}$: $\mathrm{H}_{0\tau}$ の否定

を有意水準 0.05 で検定する場合，検定統計量 F_τ および棄却域 W_τ は

$$F_\tau = \frac{S_A}{S_E}, \qquad W_\tau = [5.143, \infty)$$

となります．F_τ の実現値 f_τ が W_τ に含まれるならば $\mathrm{H}_{0\tau}$ は棄却され，$\mathrm{H}_{1\tau}$ であると判断されます．また，f_τ が W_τ に含まれないならば $\mathrm{H}_{0\tau}$ は棄却されず，$\mathrm{H}_{0\tau}$ であるといえないこともないと判断されます．

公式 5.5

帰無仮説 $\mathrm{H}_{0\delta}$: $\delta_1 = \delta_2 = 0$,　　対立仮説 $\mathrm{H}_{1\delta}$: $\mathrm{H}_{0\delta}$ の否定

を有意水準 0.05 で検定する場合，検定統計量 F_δ および棄却域 W_δ は

$$F_\delta = \frac{S_B}{S_E}, \qquad W_\delta = [5.987, \infty)$$

となります．F_δ の実現値 f_δ が W_δ に含まれるならば $\mathrm{H}_{0\delta}$ は棄却され，$\mathrm{H}_{1\delta}$ であると判断されます．また，f_δ が W_δ に含まれないならば $\mathrm{H}_{0\delta}$ は棄却されず，$\mathrm{H}_{0\delta}$ であるといえないこともないと判断されます．

公式 5.6

帰無仮説 $H_{0\gamma}$: $\gamma_{11} = \gamma_{21} = \gamma_{31} = \gamma_{12} = \gamma_{22} = \gamma_{32} = 0$,　対立仮説 $H_{1\gamma}$: $H_{0\gamma}$ の否定

を有意水準 0.05 で検定する場合，検定統計量 F_γ および棄却域 W_γ は

$$F_\gamma = \frac{S_{AB}}{S_E}, \qquad W_\gamma = [5.143, \infty)$$

となります．F_γ の実現値 f_γ が W_γ に含まれるならば $H_{0\gamma}$ は棄却され，$H_{1\gamma}$ であると判断されます．また，f_γ が W_γ に含まれないならば $H_{0\gamma}$ は棄却されず，$H_{0\gamma}$ であるといえないこともないと判断されます．

例 5.6

表 5.3 のデータに対して，有意水準 0.05 で分散分析を行ってみましょう．

ステップ 1: 分散分析表の「自由度」の部分を埋めます．

変動因	平方和	自由度	平均平方	F 値
因子 A		2		
因子 B		1		
$A \times B$		2		
観測誤差		6		–
全体		11	–	–

ステップ 2:

$$\begin{aligned}
全変動 = SS_T &= \sum_{i=1}^{3}(x_{i11} - 12)^2 + \sum_{i=1}^{3}(x_{i12} - 12)^2 \\
&\quad + \sum_{i=1}^{3}(x_{i21} - 12)^2 + \sum_{i=1}^{3}(x_{i22} - 12)^2 = 184, \\
行間平方和 = SS_A &= 4 \times (9-12)^2 + 4 \times (14-12)^2 + 4 \times (13-12)^2 = 56, \\
列間平方和 = SS_B &= 6 \times (15-12)^2 + 6 \times (9-12)^2 = 108, \\
交互作用平方和 = SS_{AB} &= 2 \times (12-9-15+12)^2 + 2 \times (6-9-9+12)^2 \\
&\quad +2 \times (16-14-15+12)^2 + 2 \times (12-14-9+12)^2 \\
&\quad +2 \times (17-13-15+12)^2 + 2 \times (9-13-9+12)^2 = 8
\end{aligned}$$

となります．また，(5.22) より，

$$\begin{aligned}
残差平方和 = SS_E &= 全変動 - 行間平方和 - 列間平方和 - 交互作用平方和 \\
&= 184 - 56 - 108 - 8 = 12
\end{aligned}$$

となります．そして，分散分析表の「平方和」の部分を埋めます．

変動因	平方和	自由度	平均平方	F 値
因子 A	56	2		
因子 B	108	1		
$A \times B$	8	2		
観測誤差	12	6		–
全体	184	11	–	–

ステップ 3: ステップ 2 で求めた行間平方和，列間平方和，交互作用平方和，残差平方和を用いて，

$$S_A = \frac{\text{行間平方和}}{2} = \frac{SS_A}{2} = \frac{56}{2} = 28, \quad S_B = \text{列間平方和} = SS_B = 108,$$
$$S_{AB} = \frac{\text{交互作用平方和}}{2} = \frac{SS_{AB}}{2} = \frac{8}{2} = 4, \quad S_E = \frac{\text{残差平方和}}{6} = \frac{SS_E}{6} = \frac{12}{6} = 2$$

を求め，分散分析表の「平均平方」の部分を埋めます．

変動因	平方和	自由度	平均平方	F 値
因子 A	56	2	28	
因子 B	108	1	108	
$A \times B$	8	2	4	
観測誤差	12	6	2	–
全体	184	11	–	–

ステップ 4: ステップ 3 で求めた S_A, S_B, S_{AB}, S_E を用いて，$F_\tau, F_\delta, F_\gamma$ の実現値 $f_\tau, f_\delta, f_\gamma$ を求めます．

$$f_\tau = \frac{S_A}{S_E} = \frac{28}{2} = 14, \quad f_\delta = \frac{S_B}{S_E} = \frac{108}{2} = 54, \quad f_\gamma = \frac{S_{AB}}{S_E} = \frac{4}{2} = 2.$$

そして，分散分析表の「F 値」の部分を埋めます．

変動因	平方和	自由度	平均平方	F 値
因子 A	56	2	28	14
因子 B	108	1	108	54
$A \times B$	8	2	4	2
観測誤差	12	6	2	–
全体	184	11	–	–

ステップ 5: 有意水準 0.05 より，F_τ に対する棄却域 W_τ は

$$W_\tau = [5.143, \infty)$$

となります．したがって，F_τ の実現値 $f_\tau = 14$ は棄却域 W_τ に含まれるので，帰無仮説 $\mathrm{H}_{0\tau}$ は棄却されます．また，F_δ に対する棄却域 W_δ は

$$W_\delta = [5.987, \infty)$$

となります．したがって，F_δ の実現値 $f_\delta = 54$ は棄却域 W_δ に含まれるので，帰無仮説 $\mathrm{H}_{0\delta}$ は棄却されます．さらに，F_γ に対する棄却域 W_γ は

$$W_\gamma = [5.143, \infty)$$

となります．したがって，F_γ の実現値 $f_\gamma = 2$ は棄却域 W_γ に含まれないので，帰無仮説 $\mathrm{H}_{0\gamma}$ は棄却されません．以上より，耐圧強度に関して，成形温度の間に差があり，原料メーカーの間に差があると判断されます．一方，成形温度と原料メーカーの交互作用効果の間に差がないといえないこともないと判断されます． □

章末問題 5

問題 5.1 3 つの漁場 A_1, A_2, A_3 における漁獲量 (トン) を調べたところ，次のようなデータが得られました．

漁場	漁	獲	量			標本平均
A_1	10	17	23	8	22	16
A_2	31	32	42	19	41	33
A_3	11	7	11	21	20	14

漁獲量に関して，3 つの漁場の間に差があるかどうかを有意水準 0.05 で分散分析を行いなさい．

問題 5.2 問題 5.1 のデータについて，テューキーの方法を用いて有意水準 0.05 で多重比較を行いなさい．

問題 5.3 3 種類の養殖マグロ A_1, A_2, A_3 に対して 2 種類の餌 B_1, B_2 を与えたところ，マグロの重量 (kg) に関して次のデータが得られました．

因子	B_1	B_2	標本平均
A_1	128	106	117
A_2	166	132	149
A_3	120	104	112
標本平均	138	114	126

このとき，マグロの重量に関して，マグロの種類の間に差があるかどうか，また，餌の種類の間に差があるかどうかについて，有意水準 0.05 で分散分析を行いなさい．

問題 5.4 3 種類の自動車の部品 A_1, A_2, A_3 を 2 台の機械 B_1, B_2 を用いて製造したところ，製造された自動車の部品の重さ (g) に関して次のデータが得られました．

因子	B_1			B_2			標本平均
A_1	23	29	26	16	12	14	20
A_2	28	22	25	32	42	37	31
A_3	32	34	33	42	36	39	36
標本平均	28			30			29

このとき，部品の種類の間に差があるかどうか，機械の種類の間に差があるかどうか，また，部品と機械の交互作用効果の間に差があるかどうかについて，有意水準 0.05 で分散分析を行いなさい．

数　表

数表 1. 標準正規分布の上側確率
$Q(a) = \mathbf{Pr}(X \geq a)$ の値

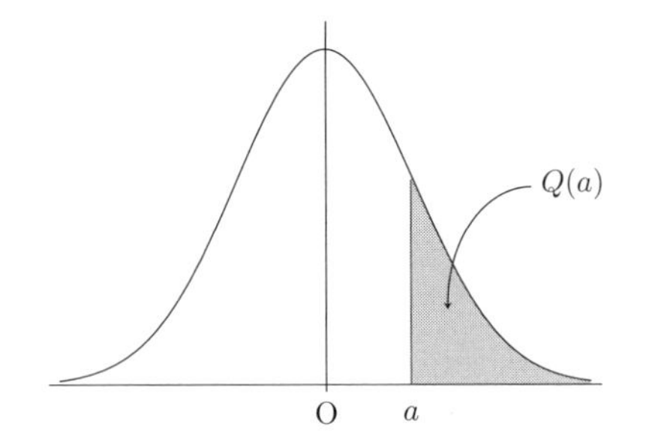

a	0.00	0.01	0.02	0.03	0.04	0.05	0.06	0.07	0.08	0.09
0.0	0.5000	0.4960	0.4920	0.4880	0.4840	0.4801	0.4761	0.4721	0.4681	0.4641
0.1	0.4602	0.4562	0.4522	0.4483	0.4443	0.4404	0.4364	0.4325	0.4286	0.4247
0.2	0.4207	0.4168	0.4129	0.4090	0.4052	0.4013	0.3974	0.3936	0.3897	0.3859
0.3	0.3821	0.3783	0.3745	0.3707	0.3669	0.3632	0.3594	0.3557	0.3520	0.3483
0.4	0.3446	0.3409	0.3372	0.3336	0.3300	0.3264	0.3228	0.3192	0.3156	0.3121
0.5	0.3085	0.3050	0.3015	0.2981	0.2946	0.2912	0.2877	0.2843	0.2810	0.2776
0.6	0.2743	0.2709	0.2676	0.2643	0.2611	0.2578	0.2546	0.2514	0.2483	0.2451
0.7	0.2420	0.2389	0.2358	0.2327	0.2296	0.2266	0.2236	0.2206	0.2177	0.2148
0.8	0.2119	0.2090	0.2061	0.2033	0.2005	0.1977	0.1949	0.1922	0.1894	0.1867
0.9	0.1841	0.1814	0.1788	0.1762	0.1736	0.1711	0.1685	0.1660	0.1635	0.1611
1.0	0.1587	0.1562	0.1539	0.1515	0.1492	0.1469	0.1446	0.1423	0.1401	0.1379
1.1	0.1357	0.1335	0.1314	0.1292	0.1271	0.1251	0.1230	0.1210	0.1190	0.1170
1.2	0.1151	0.1131	0.1112	0.1093	0.1075	0.1056	0.1038	0.1020	0.1003	0.0985
1.3	0.09680	0.09510	0.09342	0.09176	0.09012	0.08851	0.08691	0.08534	0.08379	0.08226
1.4	0.08076	0.07927	0.07780	0.07636	0.07493	0.07353	0.07215	0.07078	0.06944	0.06811
1.5	0.06681	0.06552	0.06426	0.06301	0.06178	0.06057	0.05938	0.05821	0.05705	0.05592
1.6	0.05480	0.05370	0.05262	0.05155	0.05050	0.04947	0.04846	0.04746	0.04648	0.04551
1.7	0.04457	0.04363	0.04272	0.04182	0.04093	0.04006	0.03920	0.03836	0.03754	0.03673
1.8	0.03593	0.03515	0.03438	0.03362	0.03288	0.03216	0.03144	0.03074	0.03005	0.02938
1.9	0.02872	0.02807	0.02743	0.02680	0.02619	0.02559	0.02500	0.02442	0.02385	0.02330
2.0	0.02275	0.02222	0.02169	0.02118	0.02068	0.02018	0.01970	0.01923	0.01876	0.01831
2.1	0.01786	0.01743	0.01700	0.01659	0.01618	0.01578	0.01539	0.01500	0.01463	0.01426
2.2	0.01390	0.01355	0.01321	0.01287	0.01255	0.01222	0.01191	0.01160	0.01130	0.01101
2.3	0.01072	0.01044	0.01017	0.009903	0.009642	0.009387	0.009137	0.008894	0.008656	0.008424
2.4	0.008198	0.007976	0.007760	0.007549	0.007344	0.007143	0.006947	0.006756	0.006569	0.006387
2.5	0.006210	0.006037	0.005868	0.005703	0.005543	0.005386	0.005234	0.005085	0.004940	0.004799
2.6	0.004661	0.004527	0.004396	0.004269	0.004145	0.004025	0.003907	0.003793	0.003681	0.003573
2.7	0.003467	0.003364	0.003264	0.003167	0.003072	0.002980	0.002890	0.002803	0.002718	0.002635
2.8	0.002555	0.002477	0.002401	0.002327	0.002256	0.002186	0.002118	0.002052	0.001988	0.001926
2.9	0.001866	0.001807	0.001750	0.001695	0.001641	0.001589	0.001538	0.001489	0.001441	0.001395
3.0	0.001350	0.001306	0.001264	0.001223	0.001183	0.001144	0.001107	0.001070	0.001035	0.001001

数表 2. 標準正規分布の上側 α 点 $z(\alpha)$ の値

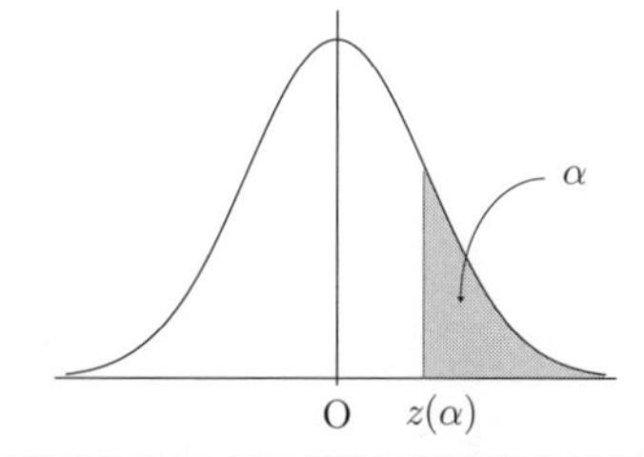

α	0.000	0.001	0.002	0.003	0.004	0.005	0.006	0.007	0.008	0.009
0.00	∞	3.0902	2.8782	2.7478	2.6521	2.5758	2.5121	2.4573	2.4089	2.3656
0.01	2.3263	2.2904	2.2571	2.2262	2.1973	2.1701	2.1444	2.1201	2.0969	2.0749
0.02	2.0537	2.0335	2.0141	1.9954	1.9774	1.9600	1.9431	1.9268	1.9110	1.8957
0.03	1.8808	1.8663	1.8522	1.8384	1.8250	1.8119	1.7991	1.7866	1.7744	1.7624
0.04	1.7507	1.7392	1.7279	1.7169	1.7060	1.6954	1.6849	1.6747	1.6646	1.6546
0.05	1.6449	1.6352	1.6258	1.6164	1.6072	1.5982	1.5893	1.5805	1.5718	1.5632
0.06	1.5548	1.5464	1.5382	1.5301	1.5220	1.5141	1.5063	1.4985	1.4909	1.4833
0.07	1.4758	1.4684	1.4611	1.4538	1.4466	1.4395	1.4325	1.4255	1.4187	1.4118
0.08	1.4051	1.3984	1.3917	1.3852	1.3787	1.3722	1.3658	1.3595	1.3532	1.3469
0.09	1.3408	1.3346	1.3285	1.3225	1.3165	1.3106	1.3047	1.2988	1.2930	1.2873
0.10	1.2816	1.2759	1.2702	1.2646	1.2591	1.2536	1.2481	1.2426	1.2372	1.2319
0.11	1.2265	1.2212	1.2160	1.2107	1.2055	1.2004	1.1952	1.1901	1.1850	1.1800
0.12	1.1750	1.1700	1.1650	1.1601	1.1552	1.1503	1.1455	1.1407	1.1359	1.1311
0.13	1.1264	1.1217	1.1170	1.1123	1.1077	1.1031	1.0985	1.0939	1.0893	1.0848
0.14	1.0803	1.0758	1.0714	1.0669	1.0625	1.0581	1.0537	1.0494	1.0450	1.0407
0.15	1.0364	1.0322	1.0279	1.0237	1.0194	1.0152	1.0110	1.0069	1.0027	0.9986
0.16	0.9945	0.9904	0.9863	0.9822	0.9782	0.9741	0.9701	0.9661	0.9621	0.9581
0.17	0.9542	0.9502	0.9463	0.9424	0.9385	0.9346	0.9307	0.9269	0.9230	0.9192
0.18	0.9154	0.9116	0.9078	0.9040	0.9002	0.8965	0.8927	0.8890	0.8853	0.8816
0.19	0.8779	0.8742	0.8705	0.8669	0.8633	0.8596	0.8560	0.8524	0.8488	0.8452
0.20	0.8416	0.8381	0.8345	0.8310	0.8274	0.8239	0.8204	0.8169	0.8134	0.8099
0.21	0.8064	0.8030	0.7995	0.7961	0.7926	0.7892	0.7858	0.7824	0.7790	0.7756
0.22	0.7722	0.7688	0.7655	0.7621	0.7588	0.7554	0.7521	0.7488	0.7454	0.7421
0.23	0.7388	0.7356	0.7323	0.7290	0.7257	0.7225	0.7192	0.7160	0.7128	0.7095
0.24	0.7063	0.7031	0.6999	0.6967	0.6935	0.6903	0.6871	0.6840	0.6808	0.6776
0.25	0.6745	0.6713	0.6682	0.6651	0.6620	0.6588	0.6557	0.6526	0.6495	0.6464
0.26	0.6433	0.6403	0.6372	0.6341	0.6311	0.6280	0.6250	0.6219	0.6189	0.6158
0.27	0.6128	0.6098	0.6068	0.6038	0.6008	0.5978	0.5948	0.5918	0.5888	0.5858
0.28	0.5828	0.5799	0.5769	0.5740	0.5710	0.5681	0.5651	0.5622	0.5592	0.5563
0.29	0.5534	0.5505	0.5476	0.5446	0.5417	0.5388	0.5359	0.5330	0.5302	0.5273
0.30	0.5244	0.5215	0.5187	0.5158	0.5129	0.5101	0.5072	0.5044	0.5015	0.4987
0.31	0.4959	0.4930	0.4902	0.4874	0.4845	0.4817	0.4789	0.4761	0.4733	0.4705
0.32	0.4677	0.4649	0.4621	0.4593	0.4565	0.4538	0.4510	0.4482	0.4454	0.4427
0.33	0.4399	0.4372	0.4344	0.4316	0.4289	0.4261	0.4234	0.4207	0.4179	0.4152
0.34	0.4125	0.4097	0.4070	0.4043	0.4016	0.3989	0.3961	0.3934	0.3907	0.3880
0.35	0.3853	0.3826	0.3799	0.3772	0.3745	0.3719	0.3692	0.3665	0.3638	0.3611
0.36	0.3585	0.3558	0.3531	0.3505	0.3478	0.3451	0.3425	0.3398	0.3372	0.3345
0.37	0.3319	0.3292	0.3266	0.3239	0.3213	0.3186	0.3160	0.3134	0.3107	0.3081
0.38	0.3055	0.3029	0.3002	0.2976	0.2950	0.2924	0.2898	0.2871	0.2845	0.2819
0.39	0.2793	0.2767	0.2741	0.2715	0.2689	0.2663	0.2637	0.2611	0.2585	0.2559
0.40	0.2533	0.2508	0.2482	0.2456	0.2430	0.2404	0.2378	0.2353	0.2327	0.2301
0.41	0.2275	0.2250	0.2224	0.2198	0.2173	0.2147	0.2121	0.2096	0.2070	0.2045
0.42	0.2019	0.1993	0.1968	0.1942	0.1917	0.1891	0.1866	0.1840	0.1815	0.1789
0.43	0.1764	0.1738	0.1713	0.1687	0.1662	0.1637	0.1611	0.1586	0.1560	0.1535
0.44	0.1510	0.1484	0.1459	0.1434	0.1408	0.1383	0.1358	0.1332	0.1307	0.1282
0.45	0.1257	0.1231	0.1206	0.1181	0.1156	0.1130	0.1105	0.1080	0.1055	0.1030
0.46	0.1004	0.0979	0.0954	0.0929	0.0904	0.0878	0.0853	0.0828	0.0803	0.0778
0.47	0.0753	0.0728	0.0702	0.0677	0.0652	0.0627	0.0602	0.0577	0.0552	0.0527
0.48	0.0502	0.0476	0.0451	0.0426	0.0401	0.0376	0.0351	0.0326	0.0301	0.0276
0.49	0.0251	0.0226	0.0201	0.0175	0.0150	0.0125	0.0100	0.0075	0.0050	0.0025

数表 3. 自由度 m の t 分布の上側 α 点 $t_{[m]}(\alpha)$ の値

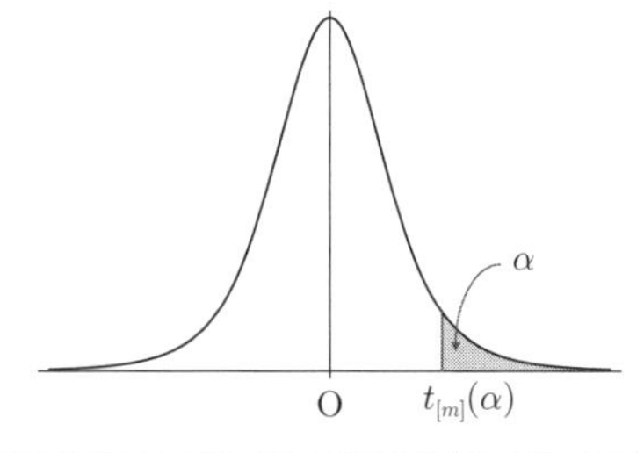

$m \setminus \alpha$	0.250	0.200	0.150	0.100	0.050	0.025	0.010	0.005
1	1.000	1.376	1.963	3.078	6.314	12.706	31.821	63.657
2	0.816	1.061	1.386	1.886	2.920	4.303	6.965	9.925
3	0.765	0.978	1.250	1.638	2.353	3.182	4.541	5.841
4	0.741	0.941	1.190	1.533	2.132	2.776	3.747	4.604
5	0.727	0.920	1.156	1.476	2.015	2.571	3.365	4.032
6	0.718	0.906	1.134	1.440	1.943	2.447	3.143	3.707
7	0.711	0.896	1.119	1.415	1.895	2.365	2.998	3.499
8	0.706	0.889	1.108	1.397	1.860	2.306	2.896	3.355
9	0.703	0.883	1.100	1.383	1.833	2.262	2.821	3.250
10	0.700	0.879	1.093	1.372	1.812	2.228	2.764	3.169
11	0.697	0.876	1.088	1.363	1.796	2.201	2.718	3.106
12	0.695	0.873	1.083	1.356	1.782	2.179	2.681	3.055
13	0.694	0.870	1.079	1.350	1.771	2.160	2.650	3.012
14	0.692	0.868	1.076	1.345	1.761	2.145	2.624	2.977
15	0.691	0.866	1.074	1.341	1.753	2.131	2.602	2.947
16	0.690	0.865	1.071	1.337	1.746	2.120	2.583	2.921
17	0.689	0.863	1.069	1.333	1.740	2.110	2.567	2.898
18	0.688	0.862	1.067	1.330	1.734	2.101	2.552	2.878
19	0.688	0.861	1.066	1.328	1.729	2.093	2.539	2.861
20	0.687	0.860	1.064	1.325	1.725	2.086	2.528	2.845
21	0.686	0.859	1.063	1.323	1.721	2.080	2.518	2.831
22	0.686	0.858	1.061	1.321	1.717	2.074	2.508	2.819
23	0.685	0.858	1.060	1.319	1.714	2.069	2.500	2.807
24	0.685	0.857	1.059	1.318	1.711	2.064	2.492	2.797
25	0.684	0.856	1.058	1.316	1.708	2.060	2.485	2.787
26	0.684	0.856	1.058	1.315	1.706	2.056	2.479	2.779
27	0.684	0.855	1.057	1.314	1.703	2.052	2.473	2.771
28	0.683	0.855	1.056	1.313	1.701	2.048	2.467	2.763
29	0.683	0.854	1.055	1.311	1.699	2.045	2.462	2.756
30	0.683	0.854	1.055	1.310	1.697	2.042	2.457	2.750
31	0.682	0.853	1.054	1.309	1.696	2.040	2.453	2.744
32	0.682	0.853	1.054	1.309	1.694	2.037	2.449	2.738
33	0.682	0.853	1.053	1.308	1.692	2.035	2.445	2.733
34	0.682	0.852	1.052	1.307	1.691	2.032	2.441	2.728
35	0.682	0.852	1.052	1.306	1.690	2.030	2.438	2.724
36	0.681	0.852	1.052	1.306	1.688	2.028	2.434	2.719
37	0.681	0.851	1.051	1.305	1.687	2.026	2.431	2.715
38	0.681	0.851	1.051	1.304	1.686	2.024	2.429	2.712
39	0.681	0.851	1.050	1.304	1.685	2.023	2.426	2.708
40	0.681	0.851	1.050	1.303	1.684	2.021	2.423	2.704
50	0.679	0.849	1.047	1.299	1.676	2.009	2.403	2.678
60	0.679	0.848	1.045	1.296	1.671	2.000	2.390	2.660
80	0.678	0.846	1.043	1.292	1.664	1.990	2.374	2.639
120	0.677	0.845	1.041	1.289	1.658	1.980	2.358	2.617
240	0.676	0.843	1.039	1.285	1.651	1.970	2.342	2.596
∞	0.674	0.842	1.036	1.282	1.645	1.960	2.326	2.576

数表 4. 自由度 m のカイ 2 乗分布の上側 α 点 $\chi^2_{[m]}(\alpha)$ の値

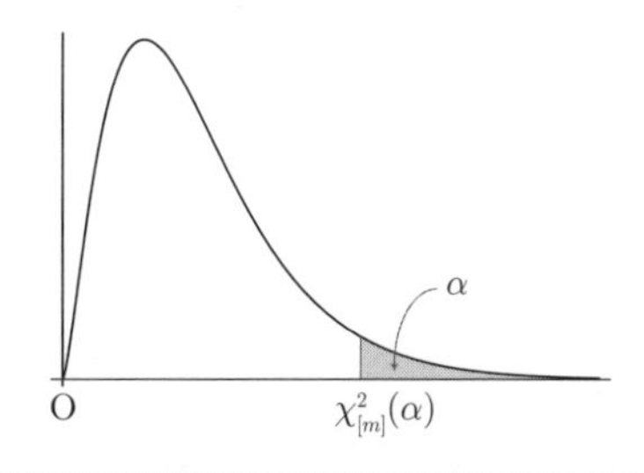

$m \setminus \alpha$	0.995	0.990	0.975	0.950	0.900	0.100	0.050	0.025	0.010	0.005
1	0.000	0.000	0.001	0.004	0.016	2.706	3.841	5.024	6.635	7.879
2	0.010	0.020	0.051	0.103	0.211	4.605	5.991	7.378	9.210	10.597
3	0.072	0.115	0.216	0.352	0.584	6.251	7.815	9.348	11.345	12.838
4	0.207	0.297	0.484	0.711	1.064	7.779	9.488	11.143	13.277	14.860
5	0.412	0.554	0.831	1.145	1.610	9.236	11.070	12.833	15.086	16.750
6	0.676	0.872	1.237	1.635	2.204	10.645	12.592	14.449	16.812	18.548
7	0.989	1.239	1.690	2.167	2.833	12.017	14.067	16.013	18.475	20.278
8	1.344	1.646	2.180	2.733	3.490	13.362	15.507	17.535	20.090	21.955
9	1.735	2.088	2.700	3.325	4.168	14.684	16.919	19.023	21.666	23.589
10	2.156	2.558	3.247	3.940	4.865	15.987	18.307	20.483	23.209	25.188
11	2.603	3.053	3.816	4.575	5.578	17.275	19.675	21.920	24.725	26.757
12	3.074	3.571	4.404	5.226	6.304	18.549	21.026	23.337	26.217	28.300
13	3.565	4.107	5.009	5.892	7.042	19.812	22.362	24.736	27.688	29.819
14	4.075	4.660	5.629	6.571	7.790	21.064	23.685	26.119	29.141	31.319
15	4.601	5.229	6.262	7.261	8.547	22.307	24.996	27.488	30.578	32.801
16	5.142	5.812	6.908	7.962	9.312	23.542	26.296	28.845	32.000	34.267
17	5.697	6.408	7.564	8.672	10.085	24.769	27.587	30.191	33.409	35.718
18	6.265	7.015	8.231	9.390	10.865	25.989	28.869	31.526	34.805	37.156
19	6.844	7.633	8.907	10.117	11.651	27.204	30.144	32.852	36.191	38.582
20	7.434	8.260	9.591	10.851	12.443	28.412	31.410	34.170	37.566	39.997
21	8.034	8.897	10.283	11.591	13.240	29.615	32.671	35.479	38.932	41.401
22	8.643	9.542	10.982	12.338	14.041	30.813	33.924	36.781	40.289	42.796
23	9.260	10.196	11.689	13.091	14.848	32.007	35.172	38.076	41.638	44.181
24	9.886	10.856	12.401	13.848	15.659	33.196	36.415	39.364	42.980	45.559
25	10.520	11.524	13.120	14.611	16.473	34.382	37.652	40.646	44.314	46.928
26	11.160	12.198	13.844	15.379	17.292	35.563	38.885	41.923	45.642	48.290
27	11.808	12.879	14.573	16.151	18.114	36.741	40.113	43.195	46.963	49.645
28	12.461	13.565	15.308	16.928	18.939	37.916	41.337	44.461	48.278	50.993
29	13.121	14.256	16.047	17.708	19.768	39.087	42.557	45.722	49.588	52.336
30	13.787	14.953	16.791	18.493	20.599	40.256	43.773	46.979	50.892	53.672
31	14.458	15.655	17.539	19.281	21.434	41.422	44.985	48.232	52.191	55.003
32	15.134	16.362	18.291	20.072	22.271	42.585	46.194	49.480	53.486	56.328
33	15.815	17.074	19.047	20.867	23.110	43.745	47.400	50.725	54.776	57.648
34	16.501	17.789	19.806	21.664	23.952	44.903	48.602	51.966	56.061	58.964
35	17.192	18.509	20.569	22.465	24.797	46.059	49.802	53.203	57.342	60.275
36	17.887	19.233	21.336	23.269	25.643	47.212	50.998	54.437	58.619	61.581
37	18.586	19.960	22.106	24.075	26.492	48.363	52.192	55.668	59.893	62.883
38	19.289	20.691	22.878	24.884	27.343	49.513	53.384	56.896	61.162	64.181
39	19.996	21.426	23.654	25.695	28.196	50.660	54.572	58.120	62.428	65.476
40	20.707	22.164	24.433	26.509	29.051	51.805	55.758	59.342	63.691	66.766
50	27.991	29.707	32.357	34.764	37.689	63.167	67.505	71.420	76.154	79.490
60	35.534	37.485	40.482	43.188	46.459	74.397	79.082	83.298	88.379	91.952
70	43.275	45.442	48.758	51.739	55.329	85.527	90.531	95.023	100.425	104.215
80	51.172	53.540	57.153	60.391	64.278	96.578	101.879	106.629	112.329	116.321
90	59.196	61.754	65.647	69.126	73.291	107.565	113.145	118.136	124.116	128.299
100	67.328	70.065	74.222	77.929	82.358	118.498	124.342	129.561	135.807	140.169
120	83.852	86.923	91.573	95.705	100.624	140.233	146.567	152.211	158.950	163.648
140	100.655	104.034	109.137	113.659	119.029	161.827	168.613	174.648	181.840	186.847
160	117.679	121.346	126.870	131.756	137.546	183.311	190.516	196.915	204.530	209.824
180	134.884	138.820	144.741	149.969	156.153	204.704	212.304	219.044	227.056	232.620
200	152.241	156.432	162.728	168.279	174.835	226.021	233.994	241.058	249.445	255.264
240	187.324	191.990	198.984	205.135	212.386	268.471	277.138	284.802	293.888	300.182

数表 5.1. 自由度 (m, n) の F 分布の上側 α 点 $F_n^m(\alpha)$ の値

$\alpha = 0.025$

$n \setminus m$	1	2	3	4	5	6	7	8	9
1	647.789	799.500	864.163	899.583	921.848	937.111	948.217	956.656	963.285
2	38.506	39.000	39.165	39.248	39.298	39.331	39.355	39.373	39.387
3	17.443	16.044	15.439	15.101	14.885	14.735	14.624	14.540	14.473
4	12.218	10.649	9.979	9.605	9.364	9.197	9.074	8.980	8.905
5	10.007	8.434	7.764	7.388	7.146	6.978	6.853	6.757	6.681
6	8.813	7.260	6.599	6.227	5.988	5.820	5.695	5.600	5.523
7	8.073	6.542	5.890	5.523	5.285	5.119	4.995	4.899	4.823
8	7.571	6.059	5.416	5.053	4.817	4.652	4.529	4.433	4.357
9	7.209	5.715	5.078	4.718	4.484	4.320	4.197	4.102	4.026
10	6.937	5.456	4.826	4.468	4.236	4.072	3.950	3.855	3.779
11	6.724	5.256	4.630	4.275	4.044	3.881	3.759	3.664	3.588
12	6.554	5.096	4.474	4.121	3.891	3.728	3.607	3.512	3.436
13	6.414	4.965	4.347	3.996	3.767	3.604	3.483	3.388	3.312
14	6.298	4.857	4.242	3.892	3.663	3.501	3.380	3.285	3.209
15	6.200	4.765	4.153	3.804	3.576	3.415	3.293	3.199	3.123
16	6.115	4.687	4.077	3.729	3.502	3.341	3.219	3.125	3.049
17	6.042	4.619	4.011	3.665	3.438	3.277	3.156	3.061	2.985
18	5.978	4.560	3.954	3.608	3.382	3.221	3.100	3.005	2.929
19	5.922	4.508	3.903	3.559	3.333	3.172	3.051	2.956	2.880
20	5.871	4.461	3.859	3.515	3.289	3.128	3.007	2.913	2.837
21	5.827	4.420	3.819	3.475	3.250	3.090	2.969	2.874	2.798
22	5.786	4.383	3.783	3.440	3.215	3.055	2.934	2.839	2.763
23	5.750	4.349	3.750	3.408	3.183	3.023	2.902	2.808	2.731
24	5.717	4.319	3.721	3.379	3.155	2.995	2.874	2.779	2.703
25	5.686	4.291	3.694	3.353	3.129	2.969	2.848	2.753	2.677
26	5.659	4.265	3.670	3.329	3.105	2.945	2.824	2.729	2.653
27	5.633	4.242	3.647	3.307	3.083	2.923	2.802	2.707	2.631
28	5.610	4.221	3.626	3.286	3.063	2.903	2.782	2.687	2.611
29	5.588	4.201	3.607	3.267	3.044	2.884	2.763	2.669	2.592
30	5.568	4.182	3.589	3.250	3.026	2.867	2.746	2.651	2.575
32	5.531	4.149	3.557	3.218	2.995	2.836	2.715	2.620	2.543
34	5.499	4.120	3.529	3.191	2.968	2.808	2.688	2.593	2.516
36	5.471	4.094	3.505	3.167	2.944	2.785	2.664	2.569	2.492
38	5.446	4.071	3.483	3.145	2.923	2.763	2.643	2.548	2.471
40	5.424	4.051	3.463	3.126	2.904	2.744	2.624	2.529	2.452
42	5.404	4.033	3.446	3.109	2.887	2.727	2.607	2.512	2.435
44	5.386	4.016	3.430	3.093	2.871	2.712	2.591	2.496	2.419
46	5.369	4.001	3.415	3.079	2.857	2.698	2.577	2.482	2.405
48	5.354	3.987	3.402	3.066	2.844	2.685	2.565	2.470	2.393
50	5.340	3.975	3.390	3.054	2.833	2.674	2.553	2.458	2.381
60	5.286	3.925	3.343	3.008	2.786	2.627	2.507	2.412	2.334
80	5.218	3.864	3.284	2.950	2.730	2.571	2.450	2.355	2.277
120	5.152	3.805	3.227	2.894	2.674	2.515	2.395	2.299	2.222
240	5.088	3.746	3.171	2.839	2.620	2.461	2.341	2.245	2.167
∞	5.024	3.689	3.116	2.786	2.567	2.408	2.288	2.192	2.114

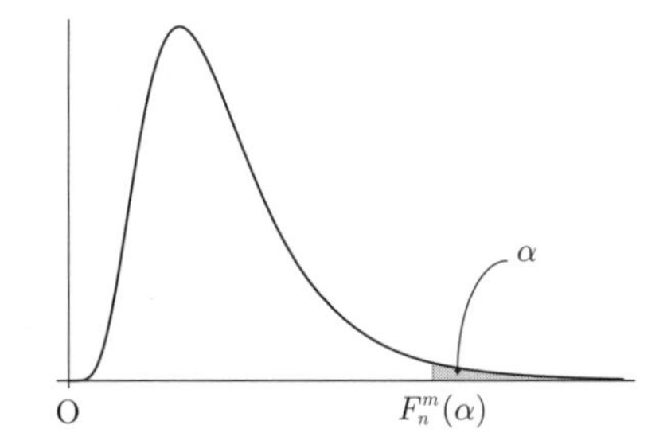

$\alpha = 0.025$

10	15	20	30	40	60	120	∞	m / n
968.627	984.867	993.103	1001.414	1005.598	1009.800	1014.020	1018.260	1
39.398	39.431	39.448	39.465	39.473	39.481	39.490	39.498	2
14.419	14.253	14.167	14.081	14.037	13.992	13.947	13.902	3
8.844	8.657	8.560	8.461	8.411	8.360	8.309	8.257	4
6.619	6.428	6.329	6.227	6.175	6.123	6.069	6.015	5
5.461	5.269	5.168	5.065	5.012	4.959	4.904	4.849	6
4.761	4.568	4.467	4.362	4.309	4.254	4.199	4.142	7
4.295	4.101	3.999	3.894	3.840	3.784	3.728	3.670	8
3.964	3.769	3.667	3.560	3.505	3.449	3.392	3.333	9
3.717	3.522	3.419	3.311	3.255	3.198	3.140	3.080	10
3.526	3.330	3.226	3.118	3.061	3.004	2.944	2.883	11
3.374	3.177	3.073	2.963	2.906	2.848	2.787	2.725	12
3.250	3.053	2.948	2.837	2.780	2.720	2.659	2.595	13
3.147	2.949	2.844	2.732	2.674	2.614	2.552	2.487	14
3.060	2.862	2.756	2.644	2.585	2.524	2.461	2.400	15
2.986	2.788	2.681	2.568	2.509	2.447	2.383	2.316	16
2.922	2.723	2.616	2.502	2.442	2.380	2.315	2.247	17
2.866	2.667	2.559	2.445	2.384	2.321	2.256	2.187	18
2.817	2.617	2.509	2.394	2.333	2.270	2.203	2.133	19
2.774	2.573	2.464	2.349	2.287	2.223	2.156	2.085	20
2.735	2.534	2.425	2.308	2.246	2.182	2.114	2.042	21
2.700	2.498	2.389	2.272	2.210	2.145	2.076	2.003	22
2.668	2.466	2.357	2.239	2.176	2.111	2.041	1.968	23
2.640	2.437	2.327	2.209	2.146	2.080	2.010	1.935	24
2.613	2.411	2.300	2.182	2.118	2.052	1.981	1.906	25
2.590	2.387	2.276	2.157	2.093	2.026	1.954	1.878	26
2.568	2.364	2.253	2.133	2.069	2.002	1.930	1.853	27
2.547	2.344	2.232	2.112	2.048	1.980	1.907	1.829	28
2.529	2.325	2.213	2.092	2.028	1.959	1.886	1.807	29
2.511	2.307	2.195	2.074	2.009	1.940	1.866	1.787	30
2.480	2.275	2.163	2.041	1.975	1.905	1.831	1.750	32
2.453	2.248	2.135	2.012	1.946	1.875	1.799	1.717	34
2.429	2.223	2.110	1.986	1.919	1.848	1.772	1.687	36
2.407	2.201	2.088	1.963	1.896	1.824	1.747	1.661	38
2.388	2.182	2.068	1.943	1.875	1.803	1.724	1.637	40
2.371	2.164	2.050	1.924	1.856	1.783	1.704	1.615	42
2.355	2.149	2.034	1.908	1.839	1.766	1.685	1.596	44
2.341	2.134	2.019	1.893	1.824	1.750	1.668	1.578	46
2.329	2.121	2.006	1.879	1.809	1.735	1.653	1.561	48
2.317	2.109	1.993	1.866	1.796	1.721	1.639	1.545	50
2.270	2.061	1.944	1.815	1.744	1.667	1.581	1.482	60
2.213	2.003	1.884	1.752	1.679	1.599	1.508	1.400	80
2.157	1.945	1.825	1.690	1.614	1.530	1.433	1.310	120
2.102	1.888	1.766	1.628	1.549	1.460	1.354	1.206	240
2.048	1.833	1.708	1.566	1.484	1.388	1.268	1.000	∞

数表 5.2. 自由度 (m, n) の F 分布の上側 α 点 $F_n^m(\alpha)$ の値

$\alpha = 0.05$

$n \setminus m$	1	2	3	4	5	6	7	8	9
1	161.448	199.500	215.707	224.583	230.162	233.986	236.768	238.883	240.543
2	18.513	19.000	19.164	19.247	19.296	19.330	19.353	19.371	19.385
3	10.128	9.552	9.277	9.117	9.013	8.941	8.887	8.845	8.812
4	7.709	6.944	6.591	6.388	6.256	6.163	6.094	6.041	5.999
5	6.608	5.786	5.409	5.192	5.050	4.950	4.876	4.818	4.772
6	5.987	5.143	4.757	4.534	4.387	4.284	4.207	4.147	4.099
7	5.591	4.737	4.347	4.120	3.972	3.866	3.787	3.726	3.677
8	5.318	4.459	4.066	3.838	3.687	3.581	3.500	3.438	3.388
9	5.117	4.256	3.863	3.633	3.482	3.374	3.293	3.230	3.179
10	4.965	4.103	3.708	3.478	3.326	3.217	3.135	3.072	3.020
11	4.844	3.982	3.587	3.357	3.204	3.095	3.012	2.948	2.896
12	4.747	3.885	3.490	3.259	3.106	2.996	2.913	2.849	2.796
13	4.667	3.806	3.411	3.179	3.025	2.915	2.832	2.767	2.714
14	4.600	3.739	3.344	3.112	2.958	2.848	2.764	2.699	2.646
15	4.543	3.682	3.287	3.056	2.901	2.790	2.707	2.641	2.588
16	4.494	3.634	3.239	3.007	2.852	2.741	2.657	2.591	2.538
17	4.451	3.592	3.197	2.965	2.810	2.699	2.614	2.548	2.494
18	4.414	3.555	3.160	2.928	2.773	2.661	2.577	2.510	2.456
19	4.381	3.522	3.127	2.895	2.740	2.628	2.544	2.477	2.423
20	4.351	3.493	3.098	2.866	2.711	2.599	2.514	2.447	2.393
21	4.325	3.467	3.072	2.840	2.685	2.573	2.488	2.420	2.366
22	4.301	3.443	3.049	2.817	2.661	2.549	2.464	2.397	2.342
23	4.279	3.422	3.028	2.796	2.640	2.528	2.442	2.375	2.320
24	4.260	3.403	3.009	2.776	2.621	2.508	2.423	2.355	2.300
25	4.242	3.385	2.991	2.759	2.603	2.490	2.405	2.337	2.282
26	4.225	3.369	2.975	2.743	2.587	2.474	2.388	2.321	2.265
27	4.210	3.354	2.960	2.728	2.572	2.459	2.373	2.305	2.250
28	4.196	3.340	2.947	2.714	2.558	2.445	2.359	2.291	2.236
29	4.183	3.328	2.934	2.701	2.545	2.432	2.346	2.278	2.223
30	4.171	3.316	2.922	2.690	2.534	2.421	2.334	2.266	2.211
32	4.149	3.295	2.901	2.668	2.512	2.399	2.313	2.244	2.189
34	4.130	3.276	2.883	2.650	2.494	2.380	2.294	2.225	2.170
36	4.113	3.259	2.866	2.634	2.477	2.364	2.277	2.209	2.153
38	4.098	3.245	2.852	2.619	2.463	2.349	2.262	2.194	2.138
40	4.085	3.232	2.839	2.606	2.449	2.336	2.249	2.180	2.124
42	4.073	3.220	2.827	2.594	2.438	2.324	2.237	2.168	2.112
44	4.062	3.209	2.816	2.584	2.427	2.313	2.226	2.157	2.101
46	4.052	3.200	2.807	2.574	2.417	2.304	2.216	2.147	2.091
48	4.043	3.191	2.798	2.565	2.409	2.295	2.207	2.138	2.082
50	4.034	3.183	2.790	2.557	2.400	2.286	2.199	2.130	2.073
60	4.001	3.150	2.758	2.525	2.368	2.254	2.167	2.097	2.040
80	3.960	3.111	2.719	2.486	2.329	2.214	2.126	2.056	1.999
120	3.920	3.072	2.680	2.447	2.290	2.175	2.087	2.016	1.959
240	3.880	3.033	2.642	2.409	2.252	2.136	2.048	1.977	1.919
∞	3.841	2.996	2.605	2.372	2.214	2.099	2.010	1.938	1.880

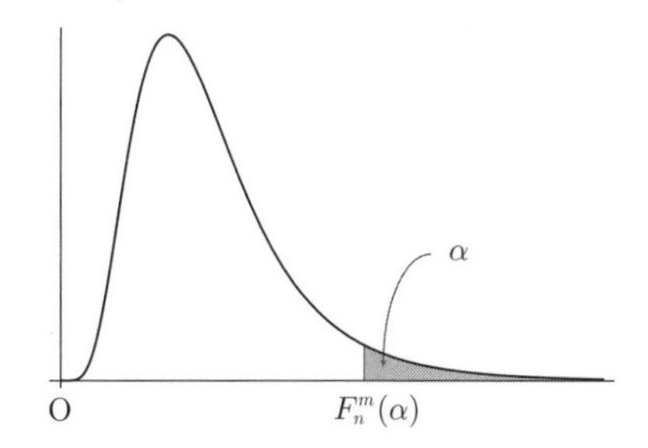

$\alpha = 0.05$

10	15	20	30	40	60	120	∞	m / n
241.882	245.950	248.013	250.095	251.143	252.196	253.253	254.314	1
19.396	19.429	19.446	19.462	19.471	19.479	19.487	19.496	2
8.786	8.703	8.660	8.617	8.594	8.572	8.549	8.526	3
5.964	5.858	5.803	5.746	5.717	5.688	5.658	5.628	4
4.735	4.619	4.558	4.496	4.464	4.431	4.398	4.365	5
4.060	3.938	3.874	3.808	3.774	3.740	3.705	3.669	6
3.637	3.511	3.445	3.376	3.340	3.304	3.267	3.230	7
3.347	3.218	3.150	3.079	3.043	3.005	2.967	2.928	8
3.137	3.006	2.936	2.864	2.826	2.787	2.748	2.707	9
2.978	2.845	2.774	2.700	2.661	2.621	2.580	2.538	10
2.854	2.719	2.646	2.570	2.531	2.490	2.448	2.404	11
2.753	2.617	2.544	2.466	2.426	2.384	2.341	2.296	12
2.671	2.533	2.459	2.380	2.339	2.297	2.252	2.206	13
2.602	2.463	2.388	2.308	2.266	2.223	2.178	2.131	14
2.544	2.403	2.328	2.247	2.204	2.160	2.114	2.066	15
2.494	2.352	2.276	2.194	2.151	2.106	2.059	2.010	16
2.450	2.308	2.230	2.148	2.104	2.058	2.011	1.960	17
2.412	2.269	2.191	2.107	2.063	2.017	1.968	1.917	18
2.378	2.234	2.155	2.071	2.026	1.980	1.930	1.878	19
2.348	2.203	2.124	2.039	1.994	1.946	1.896	1.843	20
2.321	2.176	2.096	2.010	1.965	1.916	1.866	1.812	21
2.297	2.151	2.071	1.984	1.938	1.889	1.838	1.783	22
2.275	2.128	2.048	1.961	1.914	1.865	1.813	1.757	23
2.255	2.108	2.027	1.939	1.892	1.842	1.790	1.733	24
2.236	2.089	2.007	1.919	1.872	1.822	1.768	1.711	25
2.220	2.072	1.990	1.901	1.853	1.803	1.749	1.691	26
2.204	2.056	1.974	1.884	1.836	1.785	1.731	1.672	27
2.190	2.041	1.959	1.869	1.820	1.769	1.714	1.654	28
2.177	2.027	1.945	1.854	1.806	1.754	1.698	1.638	29
2.165	2.015	1.932	1.841	1.792	1.740	1.683	1.622	30
2.142	1.992	1.908	1.817	1.767	1.714	1.657	1.594	32
2.123	1.972	1.888	1.795	1.745	1.691	1.633	1.569	34
2.106	1.954	1.870	1.776	1.726	1.671	1.612	1.547	36
2.091	1.939	1.853	1.760	1.708	1.653	1.594	1.527	38
2.077	1.924	1.839	1.744	1.693	1.637	1.577	1.509	40
2.065	1.912	1.826	1.731	1.679	1.623	1.561	1.492	42
2.054	1.900	1.814	1.718	1.666	1.609	1.547	1.477	44
2.044	1.890	1.803	1.707	1.654	1.597	1.534	1.463	46
2.035	1.880	1.793	1.697	1.644	1.586	1.522	1.450	48
2.026	1.871	1.784	1.687	1.634	1.576	1.511	1.438	50
1.993	1.836	1.748	1.649	1.594	1.534	1.467	1.389	60
1.951	1.793	1.703	1.602	1.545	1.482	1.411	1.325	80
1.910	1.750	1.659	1.554	1.495	1.429	1.352	1.254	120
1.870	1.708	1.614	1.507	1.445	1.375	1.290	1.170	240
1.831	1.666	1.571	1.459	1.394	1.318	1.221	1.000	∞

数表 6. ステューデント化された範囲の分布の上側 5% 点の値 $q(l, \phi; 0.05)$

$\phi \setminus l$	2	3	4	5	6	7	8	9	10
1	17.97	26.98	32.82	37.08	40.41	43.12	45.40	47.36	49.07
2	6.08	8.33	9.80	10.88	11.74	12.44	13.03	13.54	13.99
3	4.50	5.91	6.82	7.50	8.04	8.48	8.85	9.18	9.46
4	3.93	5.04	5.76	6.29	6.71	7.05	7.35	7.60	7.83
5	3.64	4.60	5.22	5.67	6.03	6.33	6.58	6.80	6.99
6	3.46	4.34	4.90	5.30	5.63	5.90	6.12	6.32	6.49
7	3.34	4.16	4.68	5.06	5.36	5.61	5.82	6.00	6.16
8	3.26	4.04	4.53	4.89	5.17	5.40	5.60	5.77	5.92
9	3.20	3.95	4.41	4.76	5.02	5.24	5.43	5.59	5.74
10	3.15	3.88	4.33	4.65	4.91	5.12	5.30	5.46	5.60
11	3.11	3.82	4.26	4.57	4.82	5.03	5.20	5.35	5.49
12	3.08	3.77	4.20	4.51	4.75	4.95	5.12	5.27	5.39
13	3.06	3.73	4.15	4.45	4.69	4.88	5.05	5.19	5.32
14	3.03	3.70	4.11	4.41	4.64	4.83	4.99	5.13	5.25
15	3.01	3.67	4.08	4.37	4.59	4.78	4.94	5.08	5.20
16	3.00	3.65	4.05	4.33	4.56	4.74	4.90	5.03	5.15
17	2.98	3.63	4.02	4.30	4.52	4.70	4.86	4.99	5.11
18	2.97	3.61	4.00	4.28	4.49	4.67	4.82	4.96	5.07
19	2.96	3.59	3.98	4.25	4.47	4.65	4.79	4.92	5.04
20	2.95	3.58	3.96	4.23	4.45	4.62	4.77	4.90	5.01
24	2.92	3.53	3.90	4.17	4.37	4.54	4.68	4.81	4.92
30	2.89	3.49	3.85	4.10	4.30	4.46	4.60	4.72	4.82
40	2.86	3.44	3.79	4.04	4.23	4.39	4.52	4.63	4.73
60	2.83	3.40	3.74	3.98	4.16	4.31	4.44	4.55	4.65
120	2.80	3.36	3.68	3.92	4.10	4.24	4.36	4.47	4.56
∞	2.77	3.31	3.63	3.86	4.03	4.17	4.29	4.39	4.47

正規母集団に関する検定

< **1** 標本問題>

H_0	H_1	検定統計量の実現値	棄却域 (有意水準 0.05)
$\mu = \mu_0$ (σ^2: 既知)	$\mu \neq \mu_0$	$z = \sqrt{\dfrac{n}{\sigma^2}}(\bar{x} - \mu_0)$	$(-\infty, -1.96] \cup [1.96, \infty)$
	$\mu < \mu_0$		$(-\infty, -1.6449]$
	$\mu > \mu_0$		$[1.6449, \infty)$
$\mu = \mu_0$ (σ^2: 未知)	$\mu \neq \mu_0$	$t = \sqrt{\dfrac{n}{u^2}}(\bar{x} - \mu_0)$	$(-\infty, -t_{[m]}(0.025)] \cup [t_{[m]}(0.025), \infty)$
	$\mu < \mu_0$		$(-\infty, -t_{[m]}(0.05)]$
	$\mu > \mu_0$		$[t_{[m]}(0.05), \infty)$
$\sigma^2 = \sigma_0^2$ (μ: 未知)	$\sigma^2 \neq \sigma_0^2$	$y = (n-1)\dfrac{u^2}{\sigma_0^2}$	$(0, \chi^2_{[m]}(0.975)] \cup [\chi^2_{[m]}(0.025), \infty)$
	$\sigma^2 < \sigma_0^2$		$(0, \chi^2_{[m]}(0.95)]$
	$\sigma^2 > \sigma_0^2$		$[\chi^2_{[m]}(0.05), \infty)$

n: データの個数, $m = n - 1$, $\bar{x}$: 標本平均, u^2: 不偏分散

< **2** 標本問題>

H_0	H_1	検定統計量の実現値	棄却域 (有意水準 0.05)
$\mu_1 = \mu_2$ (σ_1^2, σ_2^2: 既知)	$\mu_1 \neq \mu_2$	$z = \dfrac{\bar{x}_1 - \bar{x}_2}{u_z}$	$(-\infty, -1.96] \cup [1.96, \infty)$
	$\mu_1 < \mu_2$		$(-\infty, -1.6449]$
	$\mu_1 > \mu_2$		$[1.6449, \infty)$
$\mu_1 = \mu_2$ ($\sigma_1^2 = \sigma_2^2$: 未知)	$\mu_1 \neq \mu_2$	$t = \sqrt{\dfrac{n_1 n_2}{n_1 + n_2}}\,\dfrac{\bar{x}_1 - \bar{x}_2}{u_t}$	$(-\infty, -t_{[m]}(0.025)] \cup [t_{[m]}(0.025), \infty)$
	$\mu_1 < \mu_2$		$(-\infty, -t_{[m]}(0.05)]$
	$\mu_1 > \mu_2$		$[t_{[m]}(0.05), \infty)$
$\mu_1 = \mu_2$ (σ_1^2, σ_2^2: 未知)	$\mu_1 \neq \mu_2$	$t = \dfrac{\bar{x}_1 - \bar{x}_2}{u_w}$	$(-\infty, -t_{[\nu]}(0.025)] \cup [t_{[\nu]}(0.025), \infty)$
	$\mu_1 < \mu_2$		$(-\infty, -t_{[\nu]}(0.05)]$
	$\mu_1 > \mu_2$		$[t_{[\nu]}(0.05), \infty)$
$\sigma_1^2 = \sigma_2^2$ (μ_1, μ_2: 未知)	$\sigma_1^2 \neq \sigma_2^2$	$f = \dfrac{u_1^2}{u_2^2}\ (f \geq 1)$	$[F^{n_1-1}_{n_2-1}(0.025), \infty)$
	$\sigma_1^2 > \sigma_2^2$		$[F^{n_1-1}_{n_2-1}(0.05), \infty)$

n_1, n_2: データの個数, $m = n_1 + n_2 - 2$, $\bar{x}_1, \bar{x}_2$: 標本平均, u_1^2, u_2^2: 不偏分散,

ν は (4.4) 参照, $u_z = \sqrt{\frac{\sigma_1^2}{n_1} + \frac{\sigma_2^2}{n_2}}$, $u_t = \sqrt{\frac{(n_1-1)u_1^2 + (n_2-1)u_2^2}{n_1+n_2-2}}$, $u_w = \sqrt{\frac{u_1^2}{n_1} + \frac{u_2^2}{n_2}}$

<対応があるデータの母平均の差の検定>

H_0	H_1	検定統計量の実現値	棄却域 (有意水準 0.05)
$\mu_1 = \mu_2$ (σ_1^2, σ_2^2: 未知)	$\mu_1 \neq \mu_2$	$t = \sqrt{\dfrac{n}{u_d^2}}\,\bar{d}$	$(-\infty, -t_{[m]}(0.025)] \cup [t_{[m]}(0.025), \infty)$
	$\mu_1 < \mu_2$		$(-\infty, -t_{[m]}(0.05)]$
	$\mu_1 > \mu_2$		$[t_{[m]}(0.05), \infty)$

n: データの対の個数, $m = n - 1$, $\bar{d}$: 差の標本平均, u_d^2: 差の不偏分散

略 解

章末問題 1

1.1. 離散型データ：(iii), 連続型データ：(vi), (vii), 質的データ：(i), (ii), (iv), (v) **1.2.** 表 1 **1.3.** 表 2 **1.4.** (i) 59.4 (kg) (ii) 58.5 (kg) (iii) 28.1 (kg^2) (iv) 5.3 (kg) (v) 29.6 (kg^2) **1.5.** (1) (i) 51 (kg) (ii) 70 (kg) (iii) 19 (kg) (iv) 55 (kg) (v) 65 (kg) (2) なし **1.6.** (2) $\bar{x} = 169.0$ (cm), $s_x^2 = 51.0$ (cm^2) (3) $\bar{y} = 64.0$ (kg), $s_y^2 = 38.0$ (kg^2) (4) $c_{xy} = 34.2$ (cm×kg) (5) $r_{xy} \fallingdotseq 0.78$ **1.7.** (1) ㋐ 26 ㋑ 24 ㋒ 43 ㋓ 7 ㋔ 50 (2) 表 3 (3) 7.5 (4) 関係が強い **1.8.** (1) 原因：スピード，結果：停止距離 (3) $\bar{x} = 60.0$ (km/h), $s_x^2 \fallingdotseq 666.7$ ((km/h)^2) (4) $\bar{y} \fallingdotseq 51.1$ (m), $s_y^2 \fallingdotseq 1171.4$ (m^2) (5) $c_{xy} = 870.0$ ((km/h)×m) (6) $r_{xy} \fallingdotseq 0.98$ (7) $y = -27.2 + 1.3x$ **1.9.** $y = 405 + 0.25x$

表 1　度数分布表

階級値 (人数)	度数 (世帯)
0	2
1	2
2	13
3	3
4	1
計	21

表 2　度数分布表

階級	級中央値	度数	相対度数
50.5 ~ 54.5	52.5	4	0.20
54.5 ~ 58.5	56.5	6	0.30
58.5 ~ 62.5	60.5	4	0.20
62.5 ~ 66.5	64.5	5	0.25
66.5 ~ 70.5	68.5	1	0.05
計	—	20	1

表 3　独立期待度数表

性別＼ショッピング	好き	嫌い	計
男	22.36	3.64	26
女	20.64	3.36	24
計	43	7	50

章末問題 2

2.1. (1) $\frac{1}{8}$ (2) $\frac{3}{10}$ **2.2.** $\frac{2}{3}$ **2.3.** $\frac{8}{11}$ **2.4.** $\frac{1}{3}$ **2.5.** (1) $P(0) \fallingdotseq 0.132$, $P(1) \fallingdotseq 0.329$, $P(2) \fallingdotseq 0.329$, $P(3) \fallingdotseq 0.165$, $P(4) \fallingdotseq 0.041$, $P(5) \fallingdotseq 0.004$ (3) 0.05 **2.6.** (2) $\frac{1}{2}$ (3) $\frac{2}{3}$ (4) $\frac{1}{4}$ **2.7.** (1) $\frac{X-158}{5}$ (4) 16% **2.8.** (1) $\mathrm{B}\left(648, \frac{1}{3}\right)$ (2) $P(x) = {}_{648}\mathrm{C}_x \left(\frac{1}{3}\right)^x \left(\frac{2}{3}\right)^{648-x}$ $(x = 0, 1, \ldots, 648)$ (3) 0.92 **2.9.** (1) F 県の住民全体 (2) ランダムに選ばれた 150 人 (3) $\mathrm{B}(1, p)$

章末問題 3

3.1. 0.4 **3.2.** (1) 163 (cm) (2) 28.2 (cm^2) **3.3.** (1) 95.0 ~ 97.6 (2) 1.5 ~ 10.8 **3.4.** (1) 385 (匹) (2) 0.56 ~ 0.94

章末問題 4

4.1. (1) 0.03 (2) 0.87 **4.2.** $z \fallingdotseq 2.53$. 棄却される. **4.3.** $t \fallingdotseq 1.48$. 棄却されない. **4.4.** $y = 3.36$.

棄却されない． **4.5.** $z \fallingdotseq -0.45$. 棄却されない． **4.6.** (1) $f \fallingdotseq 1.27$. 棄却されない． (2) $t \fallingdotseq -0.47$. 棄却されない． **4.7.** $t \fallingdotseq -4.65$. 棄却される． **4.8.** $z = 2.0$. 棄却される． **4.9.** $z \fallingdotseq -3.73$. 棄却される． **4.10.** $\chi^2 = 9.2$. 棄却される． **4.11.** $\chi^2 \fallingdotseq 18.18$. 棄却される．

章末問題 5

5.1. $f \fallingdotseq 9.56$. 棄却される． **5.2.** $t_{12} \fallingdotseq -3.56$, $t_{13} \fallingdotseq 0.42$, $t_{23} \fallingdotseq 3.98$. H_0^{12}, H_0^{23} は棄却され，H_0^{13} は棄却されない． **5.3.** $f_\tau \fallingdotseq 19.2$, $f_\delta \fallingdotseq 20.6$. $\mathrm{H}_{0\tau}$, $\mathrm{H}_{0\delta}$ は棄却される． **5.4.** $f_\tau \fallingdotseq 14.1$, $f_\gamma \fallingdotseq 8.2$, $f_\delta \fallingdotseq 0.63$. $\mathrm{H}_{0\tau}$, $\mathrm{H}_{0\gamma}$ は棄却され，$\mathrm{H}_{0\delta}$ は棄却されない．

索　引

【た 行】

【な 行】

【は 行】

【ま 行】

【や 行】

【ら 行】

【わ 行】

Memorandum

Memorandum

Memorandum

Memorandum

著者紹介

栗木進二（くりき しんじ）
1978年　東京理科大学大学院理学研究科修士課程修了
現　在　大阪府立大学名誉教授，理学博士

綿森葉子（わたもり ようこ）
広島大学大学院理学研究科修士課程修了
現　在　大阪府立大学大学院理学系研究科准教授，博士（理学）

田中秀和（たなか ひでかず）
1998年　筑波大学大学院博士課程数学研究科修了
現　在　大阪府立大学高等教育推進機構准教授，博士（理学）

統計学基礎

(*Fundamentals of Statistics*)

2016年2月29日　初版1刷発行
2022年2月10日　初版7刷発行

検印廃止
NDC 417, 350.1

ISBN 978–4–320–11155–4

著　者　栗木進二・綿森葉子
田中秀和

発行者　南條光章

発行所　**共立出版株式会社**
郵便番号 112–0006
東京都文京区小日向 4–6–19
電話　03–3947–2511（代表）
振替口座　00110–2–57035
URL www.kyoritsu-pub.co.jp

印　刷
製　本　藤原印刷

一般社団法人
自然科学書協会
会員

Printed in Japan